绿色农业·化肥农药减量增效系列丛书

苹果化肥农药减量增效绿色生产技术

姜远茂　葛顺峰　仇贵生　主编

中国农业出版社
北　京

图书在版编目（CIP）数据

苹果化肥农药减量增效绿色生产技术 / 姜远茂，葛顺峰，仇贵生主编．—北京：中国农业出版社，2020.1
（绿色农业·化肥农药减量增效系列丛书）
ISBN 978-7-109-26150-1

Ⅰ.①苹… Ⅱ.①姜… ②葛… ③仇… Ⅲ.①苹果－施肥－无污染技术②苹果－农药施用－安全技术 Ⅳ.①S661.106②S436.611

中国版本图书馆 CIP 数据核字（2019）第 241782 号

PINGGUO HUAFEI NONGYAO JIANLIANG ZENGXIAO LVSE SHENGCHAN JISHU

中国农业出版社出版
地址：北京市朝阳区麦子店街 18 号楼
邮编：100125
责任编辑：魏兆猛
版式设计：杨　婧　　责任校对：沙凯霖
印刷：北京中兴印刷有限公司
版次：2020 年 1 月第 1 版
印次：2020 年 1 月北京第 1 次印刷
发行：新华书店北京发行所
开本：720mm×960mm　1/16
印张：11.75　插页：2
字数：210 千字
定价：42.00 元

编 委 会

主　编　姜远茂　葛顺峰　仇贵生

编　者（以姓氏笔画为序）

马　明　王　忆　王金政　王树桐　牛自勉
毛志泉　仇贵生　冯　浩　吕德国　朱占玲
刘永杰　孙建设　李　壮　李　莉　李　磊
李民吉　李丽莉　李明军　李建平　李保华
李翠英　张　杰　张丽娟　陈汉杰　范仁俊
国立耘　呼丽萍　周宗山　赵中华　姜远茂
徐秉良　高　华　曹克强　梁晓飞　葛顺峰
韩振海　程冬冬　傅国海

序

PREFACE

自1984年以来，我国苹果产业迅速发展，栽培面积和产量均居世界第一位。苹果产业成为农民增收致富、乡村振兴的重要支柱产业。总结近几十年苹果产业发展历程和研究实践，我们在幼树早期丰产、成龄树高产稳产方面进行了深入研究，产量水平不断提高，极大地增加了果农的经济效益。在产业快速发展的同时，我们也要认识到当前苹果生产对化肥和农药的依赖度非常高，如氮肥和农药单位面积施用量分别是美国的2.5倍和1.6倍，不仅造成了资源浪费和生产成本增加，还带来了土壤质量下降、水体污染和农药残留等环境和食品安全问题。不科学、不合理的养分管理技术和病虫害防治技术成为制约苹果产业绿色可持续发展的瓶颈。

2015年，农业部提出到2020年我国农业要实现“一控两减三基本”，其中的“两减”是指减少化肥和农药使用量，化肥、农药用量实现零增长。为了减少苹果化肥和农药用量，由山东农业大学姜远茂教授主持的国家重点研发计划“苹果化肥农药减施增效技术集成研究与示范”项目组在总结已有工作的基础上，进一步结合苹果养分需求规律和病虫害发生特征，针对各个苹果产区养分和植保管理中存在的问题，研发了具有针对性的苹果化肥农药减施增效关键技术，集成了不同区域的苹果化肥农药减施增效技术模式，编写了《苹果化肥农药减量增效绿色生产技术》一书。在国家农业绿色发展的大背景下，该书的出版将有力提高苹果科学施肥和科学用药水平，推动苹果产业转型升级和绿色安全可持续发展。

中国工程院院士
山东农业大学教授 束怀瑞

2019年9月

前　言

FOREWORD

近十余年来我国化肥农药施用量一直居世界首位，而利用率较世界平均低10%～20%，由此带来的面源污染等问题严重，为此我国政府提出到2020年化肥农药施用量零增长。苹果在增加农民收入方面发挥了巨大作用，但栽培面积只占全国耕地1.7%的苹果，却用掉了全国3.7%的化肥和7.8%的农药，因此，苹果“双减”工作的成效对实现国家目标意义重大。要实现苹果“双减”目标，我们面临着三大制约因素。一是土壤质量不断下降与化肥用量不断增加的恶性循环：苹果园土壤有机质低，果农追求大果高产，采取的措施是多施化肥，过量施肥又导致土壤质量下降，反过来更增加了化肥投入量，形成恶性循环，因此“要减肥必须改土，不改土难以减肥”。二是果园微环境不断恶化与农药用量不断加大的恶性循环：我国约95%的苹果园是乔砧密植、树体郁闭、病虫频发，不得不采用化学农药防治，长期大量使用农药降低了药效，影响产量和品质，果农为保证效益又多留枝，更引起树体郁闭，进入了恶性循环，因此“要减药必须改形，不改形难以减药”。三是国家行动如何转化成千万果农的自愿行动？要实现化肥农药零增长目标，必须通过千万果农来实现。这主要有两个途径：一是立法强制性执行，目前这方面还无法进行；二是通过补贴和示范来引导。那么我们补贴和示范什么能引导农民自愿进行减肥减药？从果农角度看：一是收入不能降低，这需要提质增效；二是效果要突出；三是切实可行；四是简单易行，不能太复杂。针对上述三大制约因素，山东农业大学联合全国25家单位46位专家组成国家重点研发计划“苹果化肥农药减施增效技术集成研究与示范”项目组，涵盖苹果栽培、养分管理和植保的优势力量，围绕苹果园地环境优化、减肥增效技术、减药增效技术和区域集成技术模式等方面，通过对“双减”的技术、产品、机械、替代和生物5大途径进行系统研究，采取“边挖掘、边研究、边集成、边示范、边完善、边推广”的技术路线，提出了“双减”增效关键技术。

为了更好地指导全国苹果“双减”工作，我们对近四年来的工作进行了总结并编写成书，在编写过程中参考了大量国内外同行研究成果，得到山东农业大学果树专家束怀瑞院士和中国农业大学植物营养专家张福锁院士等专家的亲切指导，侯昕、田歌等同志做了许多具体工作，在此一并表示感谢！

编　者

2019年9月

目 录
CONTENTS

序
前言

第一章 苹果产业现状 …… 1
第一节 苹果生产现状 …… 1
第二节 苹果施肥和施药现状 …… 3
第二章 苹果营养特征与养分管理策略 …… 7
第一节 苹果营养特征 …… 7
第二节 苹果养分管理策略 …… 12
第三章 苹果病虫害发生特征与防治策略 …… 15
第一节 苹果病虫害发生特征 …… 15
第二节 苹果病虫害防治策略 …… 19
第四章 苹果园园地条件优化技术 …… 23
第一节 苹果园生草技术 …… 23
第二节 苹果园间作芳香植物技术 …… 25
第三节 苹果园起垄栽培技术 …… 26
第四节 苹果园有机物料覆盖技术 …… 27
第五节 苹果连作障碍综合防控技术 …… 29
第六节 苹果连作障碍生物防治技术 …… 31
第七节 苹果园壁蜂授粉技术 …… 33
第八节 苹果化学疏花疏果技术 …… 35
第九节 黄土高原乔化苹果园间伐改形提质增效技术 …… 37

第十节　山西苹果园高光效开心树形标准化整形修剪技术 …… 39
第十一节　丘陵旱垣矮化苹果纺锤树形无支撑栽培技术 …… 42
第十二节　现代矮砧密植苹果园适度规模化高标准建园技术 …… 44
第十三节　渤海湾苹果郁闭果园改造技术 …… 48
第十四节　黄土高原苹果老果园改造技术 …… 51

第五章　苹果园化肥高效利用技术 …… 54

第一节　苹果园氮肥总量控制、分期调控技术 …… 54
第二节　落叶前叶面喷肥提高贮藏营养技术 …… 55
第三节　旱地苹果园坑施肥水膜技术 …… 55
第四节　旱地矮化苹果园根域肥水富集带构建技术 …… 57
第五节　苹果园泵吸式水肥一体化技术 …… 58
第六节　苹果园控释肥施用技术 …… 60
第七节　苹果园肥水膜一体化技术 …… 62
第八节　果枝有机肥发酵及施用技术 …… 64
第九节　苹果园配施生物活性素的化肥减量增效技术 …… 67
第十节　山东苹果园化肥减量增效技术 …… 68
第十一节　河北矮砧密植苹果园化肥减量增效技术 …… 70
第十二节　河北乔砧苹果园化肥减量增效技术 …… 72
第十三节　陕西山地苹果园化肥减量增效技术 …… 75
第十四节　渭北黄土高原乔砧苹果园化肥减量增效技术 …… 77
第十五节　渭北黄土高原矮砧集约苹果园化肥减量增效技术 …… 79
第十六节　京津地区矮砧苹果园节水减肥增效技术 …… 80
第十七节　京津地区乔砧苹果园化肥减量增效技术 …… 82
第十八节　辽宁苹果园化肥减量增效技术 …… 83
第十九节　甘肃东部旱地苹果园肥水膜一体化化肥减量增效技术 …… 86
第二十节　甘肃秦州苹果园化肥减量增效技术 …… 88
第二十一节　甘肃花牛（元帅系）苹果园化肥减量增效技术 …… 90
第二十二节　渤海湾苹果园高效平衡施肥指导意见 …… 94
第二十三节　黄土高原苹果园高效平衡施肥指导意见 …… 97
第二十四节　苹果园有机肥替代化肥指导意见 …… 100

第六章　苹果园农药高效利用技术 …… 105

第一节　塔六点蓟马防治苹果害螨技术 …… 105
第二节　苹果黄蚜精准快速选药技术 …… 106
第三节　果树食心虫监测及防控技术 …… 107
第四节　释放赤眼蜂防治鳞翅目害虫技术 …… 108
第五节　腐烂病监测预警技术 …… 110
第六节　树体氮、钾营养平衡防控腐烂病技术 …… 111
第七节　腐烂病综合防控技术 …… 112
第八节　炭疽叶枯病防控技术 …… 114
第九节　霉心病高效化学防控技术 …… 116
第十节　锈果病减药增效防控技术 …… 116
第十一节　苹果园主要病虫害防治指标及其应用 …… 118
第十二节　苹果树抗病性诱导技术 …… 121
第十三节　苹果园组合生草吸引与繁育天敌技术 …… 122
第十四节　苹果园病虫害全程生物农药防控技术 …… 123
第十五节　苹果园农药精准高效使用技术 …… 124
第十六节　苹果园农药立体减量增效施用技术 …… 128
第十七节　果园机械化高效施药技术 …… 129
第十八节　山东苹果园农药减施增效技术 …… 130
第十九节　河北苹果园农药减施增效技术 …… 135
第二十节　京津地区苹果园农药减施增效技术 …… 136
第二十一节　辽宁（辽南）苹果园农药减施增效技术 …… 138
第二十二节　辽宁（辽西）苹果园农药减施增效技术 …… 140
第二十三节　山西苹果园农药减施增效技术 …… 142
第二十四节　甘肃苹果园农药减施增效技术 …… 146
第二十五节　甘肃（花牛苹果园）农药减施增效技术 …… 147
第二十六节　陕西（渭北）苹果园农药减施增效技术 …… 151

附录一　苹果绿色生产常用肥料及特性 …… 153
附录二　苹果绿色生产常用农药及特性 …… 162

第一章 <<<
苹果产业现状

第一节 苹果生产现状

一、我国苹果栽培面积和产量

苹果产业是我国重要的农业产业之一，在推进农业结构调整，转变农业经济增长方式，促进农民增收，满足人民生活水平日益提高的需求等方面发挥着重要作用。

近年来中国苹果种植面积趋于稳定，产量稳步增加。据联合国粮食及农业组织统计，2016 年中国苹果种植面积和产量分别为 238.39 万公顷和 4 444.86 万吨，分别比 2007 年增加了 21.48%和 59.51%（表 1-1）。中国是世界第一大苹果生产国，2016 年中国苹果种植面积占世界苹果种植面积的 45.04 %，比 2007 年提高了 4.47 个百分点，产量占世界苹果总产的 49.76%，比 2007 年提高了 7.32 个百分点。

表 1-1 2007—2016 年中国苹果种植面积和产量

年	面积（万公顷）			产量（万吨）		
	中国	世界	中国占比（%）	中国	世界	中国占比（%）
2007	196.24	483.73	40.57	2 786.59	6 566.41	42.44
2008	199.27	467.01	42.67	2 985.08	6 903.87	43.24
2009	204.95	475.28	43.12	3 168.44	7 163.89	44.23
2010	214.02	488.64	43.80	3 326.52	7 119.21	46.73
2011	217.75	498.79	43.66	3 598.67	7 707.24	46.69
2012	223.15	507.50	43.97	3 849.25	7 862.59	48.96
2013	227.24	516.06	44.03	3 968.39	8 282.08	47.92
2014	227.24	514.14	44.20	4 092.47	8 550.00	47.87
2015	232.85	520.68	44.72	4 261.43	8 622.23	49.42
2016	238.39	529.33	45.04	4 444.86	8 932.92	49.76

二、我国苹果产区布局

经过20余年的布局调整，我国苹果生产向资源条件优、产业基础好、出口潜力大和比较效益高的区域集中，形成了渤海湾和西北黄土高原两个苹果优势产业带。这两个区域是世界优质苹果生产的最大产区，生态条件与欧洲、美洲各国著名苹果产区相近，与日本、韩国相比有明显的优势，尤其是西北黄土高原产区海拔高、日温差大、光照强，苹果品质优良。

截止到2016年，渤海湾和黄土高原两个苹果生产优势区占中国苹果种植面积的比重达到了85%，产量比重达到了89%，而且近年来相对比较稳定（表1-2）。但是优势区之间的种植面积和产量贡献份额发生了较大的变化，渤海湾产区苹果种植面积逐渐减少，其产量贡献份额也随之减少，而黄土高原产区苹果种植面积逐渐增加，其产量贡献份额也大幅度增加。2016年，渤海湾地区苹果种植面积为70.33万公顷，产量1 600万吨，分别占全国的29.54%和36.37%。其中，近年来山东省的种植面积持续减少，由2000年的44.43万公顷减少到2016年的29.97万公顷，但是产量却由647.66万吨增加到978.13万吨；辽宁、河北两省的种植面积相对稳定。黄土高原产区2016年苹果种植面积为131.56万公顷，产量2 328万吨，分别占全国的55.28%和52.91%；其中，河南、山西两省种植面积略有增加，陕西、甘肃两省苹果种植面积增加速度较快，其中陕西由2000年的39.55万公顷增加到2016年的69.51万公顷，而甘肃近15年来也增加了近13万公顷。其他苹果生产区，如四川、云南、贵州等冷凉地区以及新疆具有明显的区域特色，近年来种植面积略有增加。

表1-2 2016年各省（自治区）苹果种植面积和产量

区域	省份	面积（万公顷）	面积占比（%）	产量（万吨）	产量占比（%）
渤海湾产区	山东	29.97	12.59	978.13	22.23
	河北	24.26	10.19	365.58	8.31
	辽宁	16.10	6.76	256.60	5.83
黄土高原产区	陕西	69.51	29.21	1 100.78	25.02
	山西	15.55	6.53	428.62	9.74
	甘肃	29.48	12.39	360.11	8.18
	河南	17.02	7.15	438.58	9.97
其他特色产区	新疆	6.36	2.67	136.58	3.10
	四川	3.71	1.56	62.73	1.43

（续）

区域	省份	面积（万公顷）	面积占比（%）	产量（万吨）	产量占比（%）
其他特色产区	宁夏	3.80	1.60	57.17	1.30
	云南	4.69	1.97	42.09	0.96
	黑龙江	1.24	0.52	14.95	0.34

三、我国苹果单产情况

虽然我国是世界苹果第一生产大国，但是我国苹果单产较低，且单位面积投入量较高，因此，我国苹果竞争力远远落后于新西兰、美国、法国、意大利等苹果生产发达国家。2016 年我国苹果单产为 18.64 吨/公顷，与苹果生产发达国家的单产相比（30～50 吨/公顷），中国的苹果单产仍有进一步提高的空间（表 1-3）。从主要苹果生产地区来看，山东省苹果单产水平最高，达到了 32.64 吨/公顷，接近苹果生产发达国家水平；其次是山西省和河南省，分别为 27.56 吨/公顷和 25.77 吨/公顷；陕西省、辽宁省和河北省苹果单产水平较低，约为 15 吨/公顷；苹果单产水平最低的是甘肃省，仅为 12.22 吨/公顷，一方面与当地管理水平较低有关，另一方面该产区新栽幼树较多，尚有部分果园未进入盛果期。

表 1-3　2016 年中国和苹果生产发达国家单产水平（吨/公顷）

中国		苹果生产发达国家	
山东	32.64	瑞士	58.77
河北	15.94	新西兰	52.02
辽宁	15.07	智利	48.79
陕西	15.84	意大利	43.72
山西	27.56	法国	36.68
甘肃	12.22	美国	35.61
河南	25.77	德国	32.96
中国平均	18.64	阿根廷	30.01

第二节　苹果施肥和施药现状

一、施肥存在的问题

1. 化肥施用过量，利用率低，环境风险高

在我国贫瘠的苹果园土壤条件下，化肥作为增产的决定因子发挥了重要的

作用。但近年来，中国苹果园化肥用量持续高速增长。2016年渤海湾（山东、辽宁、河北）和黄土高原（陕西、山西、甘肃）苹果产区3 535个果园调查数据表明，我国主产区苹果园氮、磷和钾平均投入量分别为1 056.12千克/公顷、687.34千克/公顷和861.12千克/公顷，且无机化肥氮、磷和钾投入占比高达81.02%、79.11%和81.65%；与推荐施肥量相比，氮、磷和钾养分分别仅有17.84%、6.35%和17.54%的样本处于投入适宜水平，处于投入过量的样本比例高达70.24%、88.12%和56.39%。氮、磷的过量使用，除了带来利用率低的问题之外，还引起了较高的环境风险。苹果园氮平均盈余量为296.56千克/公顷，总体表现为高环境风险，其中56.85%的样本处于高风险状态（盈余量>200千克/公顷）。苹果园磷平均盈余量为414.28千克/公顷，其中超过200千克/公顷的样本比重高达70.20%。化肥的过量主要集中在氮、磷、钾大量元素肥料，果农对中微量元素的使用不够重视，长期不平衡施肥造成了植株根际营养元素失衡和土壤质量下降，导致了苦痘病、黑点病、缩果病、黄叶病、小叶病和粗皮病等生理性病害的普遍发生。2008年对山东省760户苹果园调查发现，72.6%的果园存在生理性病害。

2. 有机肥投入不足，土壤有机质含量低

20世纪中后期，中国果树的发展大多遵循“上山下滩，不与粮棉争夺良田”的发展方针，建园条件差，主要表现为土壤有机质含量低。土壤有机质含量的高低对于果园可持续生产非常重要，欧、美、日等水果生产强国都非常注重土壤有机质含量的提升，使其维持在较高的水平。如荷兰果园土壤有机质含量平均在20克/千克以上，日本和新西兰等国苹果园土壤有机质含量达到了40～80克/千克。然而，中国大部分果园土壤有机质含量在15克/千克以下，仅一些城市近郊的果园（如北京、天津等）在15克/千克以上。当前果园土壤有机质含量偏低的另一主要原因是有机肥施用量较低，中国果园有机肥施用量为2～15吨/公顷，而国外优质果园一般要求有机肥施用量在50吨/公顷以上。

3. 土壤管理粗放，土壤障碍加重，养分有效性低

20世纪80年代经常采用的深翻土壤和秸秆覆盖措施仅有大约5%的果园继续采用，采用人工生草或自然生草的果园仅占20%左右，接近75%的果园地面管理以清耕为主。清耕措施不但增加了劳动力投入，而且还造成了果树根系分布表层化和表层土壤水、肥、气、热条件的剧烈变化。另外，近年来土壤酸化、板结等障碍性因素越来越多，其中胶东半岛果园土壤酸化趋势非常明显，土壤pH平均仅为5.21，超过56.46%的苹果园土壤pH低于5.50。粗放的地面管理和障碍性因素的增多显著影响了果树根系的正常生长发育，显著降低了根系总长度、总表面积和总体积，根尖数和根系活力也明显下降，显著抑制了根系对养分的吸收。

4. 经验施肥为主，科学施肥技术普及率低

科学施肥是基于作物养分需求规律、生长发育规律和土壤养分供应规律而制定的施肥策略，既有利于果树高产稳产优质，同时又最大幅度降低施肥对环境的负面影响。生产上施肥不科学，主要表现为重无机肥轻有机肥，重大量元素轻微量元素，重氮轻钾，不重视秋季施肥，春季肥料“一炮轰”等。果农施肥行为属于经济行为，目前农户的生产经验是确定化肥施用量的主要影响因素之一。研究表明，采用传统的一次理论培训方法，农户的技术到位率只有4%左右，而采用实地指导的培训方法能够显著提高技术到位率（17%）。然而，当前国家农化推广服务系统不健全，果农即使接受了科学施肥技术的培训，在具体操作中也很难得到详细的技术服务，因此技术到位率较低。

二、施药存在的问题

1. 农药施用数量持续偏高

一些果农在病虫害防控过程中，抱着“猛药去重疴”“毕其功于一役”的态度，随意加大用药剂量和浓度，或使用一些剧毒农药、禁用农药等，加大防治频次。如渤海湾、黄土高原等苹果产区一些苹果园每年用药11次左右，导致平均农药施用强度过大，农药用量总体偏高。

2. 农药品种剂型相对单一

目前，我国农药加工剂型中悬浮剂、水剂、水分散粒剂、微乳剂、可分散油悬浮剂等剂型数量虽逐年增加，但乳油、可湿性粉剂和粉剂等老剂型仍占制剂总量的40%左右，一些新剂型如微囊缓释剂、烟雾剂、超低容量喷雾剂、静电喷雾剂等高效节省型制剂，在国内尚未引进或推广开来。当前我国生物农药的使用比例为3%～5%，而发达国家已达到20%以上。而且我国生物农药种类少、防治对象单一、生产规模小、研制与生产成本高、推广宣传与应用力度不足等现状依然突出。

3. 农药施用不够规范

主要表现在：一是未按防治指标盲目用药，见病虫就治；二是擅自增加用药次数，滥用农药，存在“打太平药、保险药、滥用药”的现象；三是随意增加用药品种、用药量或浓度；四是不按防治适期用药，抓不住最佳防治时期；五是混淆高效和高毒农药概念，误用高毒、高残留、长残效农药。

4. 农药使用效率普遍偏低

目前，我国现代植保机械开发应用相对落后，因跑、冒、滴、漏而造成农药流失和浪费问题非常突出。不少农户仍然在采用手动型喷雾器，这些喷雾器压力小、药液雾化性能差，农药利用率只有20%～30%，而背负式机动弥雾机农药利用率可以达到30%～50%，担架式喷雾机农药利用率可以达到60%以上，国外先进的循环喷雾机的农药利用率甚至可以达到90%以上。

5. 统防统治工作困难较多

目前我国土地以农村家庭承包为主，一家一户的耕作方式仍占主体，病虫害防治呈现“点多、面广、分散、处理难”的状况，不利于推行植保机械与农艺配套，不利于大规模开展专业化统防统治。

（撰稿人：姜远茂、仇贵生、葛顺峰、朱占玲）

第二章 <<<
苹果营养特征与养分管理策略

第一节 苹果营养特征

一、苹果营养特点

1. 高龄长寿，各时期对养分要求不同

苹果为多年生作物，其生命周期一般经过幼龄期、初果期、盛果期、更新期和衰落死亡期，不同时期养分需求也有很大的差别（表 2-1）。

表 2-1 苹果不同时期划分以及营养特点

生命周期	营养特点
幼龄期	开花结果以前的时期称为幼龄期，此期苹果需肥量较少，但对肥料特别敏感，要求施足磷肥以促进根系生长；在有机肥充足的情况下可少施氮肥，否则要施足氮肥；适当配施钾肥
初果期	开花结果后到形成经济产量之前的时期称为初果期，此期是苹果由营养生长向生殖生长转化的关键时期，施肥上应针对树体状况区别对待。若营养生长较强，应以磷肥为主，配施钾肥，少施氮肥；若营养生长未达到结果要求，培养健壮树势仍是施肥重点，应以磷肥为主，配施氮、钾肥
盛果期	大量结果期称为盛果期，此期施肥主要目的是优质丰产，维持健壮树势，提高果品质量，应以有机肥与氮、磷、钾肥配合施用，并根据树势和结果的多少有所侧重
衰老期	在更新衰老期，施肥上应偏施有机肥与氮肥，以促进更新复壮，维持树势，延长盛果期

2. 贮藏营养对苹果特别重要

贮藏营养是苹果等多年生植物在物质分配方面的自然适应属性，也是苹果营养的最重要特征之一。贮藏营养与当年营养互相补充，共同提供苹果正常生长发育（开花、坐果和果实膨大）所需的营养。贮藏营养匮乏会影响第二年的正常萌芽、开花、坐果、新梢生长、根系发生等生长发育，并进一步影响果实膨大、花芽分化等过程。因此，通过施肥等措施提高树体贮藏营养水平，减少无效消耗是对保证苹果正常生长发育、丰产、稳产和优质高效的重要技术原则和主攻方向。

提高树体贮藏营养水平技术措施的运用应贯穿于整个生长季节，并遵循开源与节流并举的原则。开源方面，应重视养分的平衡供应，加强根外追肥，促进养分回流；节流方面，应注意减少无效消耗，如进行疏花疏果，控制新梢过旺生长等。提高贮藏营养的关键时期是果实采收前后到落叶前，早施基肥，保叶养根和加强根外补肥是提高树体贮藏营养的行之有效的技术措施。

3. 营养生长与生殖生长对养分的竞争激烈

营养生长与生殖生长相互补充、相互制约，二者的共存与竞争矛盾贯穿了苹果生长发育的全过程。营养生长是基础，而生殖生长是目的。适当的营养生长不仅有利于树体的建成，同时也有利于苹果的高产和稳产。但营养生长不足或过度也会对生殖生长产生不利影响。因此，协调营养生长与生殖生长的矛盾就成为苹果栽培技术的核心，同样也是苹果施肥的重点。

苹果生命周期中，幼树良好的营养生长是开花结果的基础，因此虽然在有机肥充足的果园可少施氮肥多施磷肥，但在贫瘠的山丘地，却不可忽视氮肥的施用。幼树根系较少，吸收能力差，加强根外追肥可加快营养生长。当营养生长进行到一定程度（干周粗度在 20 厘米以上）要及时促进由营养生长向生殖生长的转化；施肥以磷、钾为主，少施或不施氮肥；叶面施肥早期以氮为主，中后期以磷、钾为主，以促进花芽形成，提早结果。进入盛果期后，生殖生长占主导地位，大量养分被用于开花结果，此时减少无效消耗、节约养分有重要意义，施肥上要氮、磷、钾配合施用，增加氮和钾的量，满足果实的需要，并注意维持健壮树势。

年周期中苹果生长根据营养特点可分为利用贮藏营养阶段、贮藏营养和当年生营养交替阶段、利用当年生营养阶段和营养积累贮藏阶段，不同阶段营养特点见表 2-2。

表 2-2 苹果年周期营养阶段划分

营养阶段	营 养 特 点
利用贮藏营养阶段	早春利用贮藏营养期，萌芽、枝叶生长和根系生长与开花坐果对养分竞争激烈，开花坐果对养分竞争力最强，因此在协调矛盾上主要应采取疏花疏果，减少无效消耗，把尽可能多的养分节约下来用于营养生长，为以后的生长发育打下一个坚实的基础。根系管理和施肥上，应注意提高地温，促进根系活动，加强对养分吸收，并加强从萌芽前就开始的根外追肥，缓和养分竞争，保证苹果正常生长发育
贮藏营养和当年生营养交替阶段	贮藏营养和当年生营养交替期，又称“青黄不接”期，是衡量树体养分状况的临界期，若贮藏养分不足或分配不合理，则出现“断粮”现象，制约苹果正常的生长发育。提高地温早吸收、加强秋季管理提高贮藏营养水平、疏花疏果节约养分等措施有利于延长贮藏养分供应期，提早当年生养分供应期，缓解矛盾，是保证连年丰产稳产的基本措施

（续）

营养阶段	营 养 特 点
利用当年生营养阶段	在利用当年生营养期，有节奏地进行营养生长、养分积累、生殖生长是养分生产和合理运用的关键。此期养分利用中心主要是枝梢生长和果实发育，新梢持续旺长和坐果过多是造成营养失衡的主要原因，因此调节枝类组成、合理负荷是保证有节律生长发育的基础。此期施肥上要保证稳定供应，并注意根据树势调整氮、磷、钾的比例，特别是氮肥的施用量、施用时期和施用方式
营养积累贮藏阶段	养分积累贮藏期是叶片中各种养分回流到枝干和根中的过程。中、早熟品种从采果后开始积累，晚熟品种从采果前已经开始，二者均持续到落叶前结束。防止秋梢过旺生长、适时采收、保护秋叶、早施基肥和加强秋季根外追肥等措施是保证养分及时回流、充分回流的有效手段

4. 砧穗二项构成影响苹果的营养

苹果常用砧木来进行嫁接繁殖，既可保持其优良的性状又可适应不同的生态环境。苹果树体由砧木和接穗两部分生长发育而成，特称为二项构成。砧木和接穗组合的差异，会明显地影响养分的吸收及体内养分的组成。砧木主要通过影响根系构型、结构、分布、分泌物及功能来影响养分的吸收和利用，因而培育抗性强且养分利用效率高的砧木是砧木选择和育种的主要依据之一。砧穗组合不同其需肥特性也存在明显差异，如矮化品种嫁接在乔化或半乔化砧木上，其耐肥性和需肥量明显增加，对肥水条件要求增高，若不能满足其肥水条件，则长势衰弱而出现早衰，在园地选择和施肥上要注意这一特性。不同砧穗组合对生理性缺素症的敏感性差异也较大，如山定子砧抗缺铁失绿能力较差，海棠砧则较强。因此，筛选高产、优质的砧穗组合，不仅可节省肥料、提高肥料利用率、减少环境污染，而且可减轻或克服营养失调症。

5. 高耗缺素应不断补充

苹果多年生长在同一地块，除幼龄期可以短期间作外，其他时期难以间作。由于树体长期吸收养分，营养元素耗用量大，造成同种“偏食”，加上果园选择时“上山下滩，不与粮田争地”，立地条件较差，极易出现各种生理性缺素症状。既易缺乏树体需求量大的磷、钾、钙等大量元素，又由于忽视微量元素的补充而造成微量元素如硼、锌、铁、锰等缺乏，影响树体的正常生长发育。因此，要重视从定植开始加强土壤管理，加强养分管理，特别是重视微量元素的供应，以达到苹果优质丰产的目的。

6. 根稀量少，养分利用率低

苹果根系分布较广，可利用较大范围土壤空间的养分；同时，苹果根系在土壤中不断产生、死亡，导致根系分布区域（水平方向和垂直方向上）随苹果个体的不断变化而变化，尤其是具有吸收功能的细根在土壤中的分布更是处在不断变化之中。例如，苹果吸收根系一般集中在树冠投影线下内外几十厘米、地下 0～40 厘米的区域，且随着树体的变化而变化。因此，施肥区域也应不断变化，这就为养分管理带来一定困难，难以把肥料均匀施用到所有的吸收养分的根系周围。虽然苹果根系庞大，但真正具有吸收功能的根系密度却较小，因此树体对肥料的利用率较低。为提高苹果养分利用率，应从两个方面入手：一是促进根系生长，可结合秋施基肥、根系修剪、防治根系病害、改善土壤通气和水分状况等措施进行，或采取局部养根方法，集中施肥，如穴贮肥水、沟草养根；二是通过平衡施肥，施缓释肥等措施，使肥料和土壤养分的供应与苹果生长对养分的需求规律最大限度地达到一致，以减少肥料损失，提高利用率。

7. 养分供应与果实品质关系密切

在过去稀植低产栽培中，产量与品质的矛盾不很突出，养分供应对品质的影响不是很大；而在现代密植丰产栽培中，苹果产量大幅度提高，果实带走大量养分，肥料和土壤供应的养分与苹果的需求之间产生较大矛盾，此时若养分供应不当极易造成品质不良，如生产中存在的偏施和过量施氮，造成果实着色不良，酸多糖少，风味不佳。现阶段，特别是苹果产量激增，供过于求，价格下降，而高档果品由于供不应求，价格呈持续上涨趋势，因此在养分管理上我们应该变原来产量效益型管理方式为品质效益型管理，大力提倡配方施肥和平衡施肥，稳定产量，提高品质，节支增收。

8. 立地条件与苹果营养关系密切

苹果个体容积较其他作物大得多，因此，对土壤养分的供应强度和容量要求都很大，土层深厚、质地疏松、酸碱度适宜、通气良好的土壤有利于促使根系发达，枝干粗壮，果多质优。同时，苹果自栽植以后，其根系不断地从根域土壤中长期地、有选择性地吸收营养元素，很容易产生生理性缺素症和营养元素间不平衡。因此，在生产实践中应重视和加强土壤管理，为根系生长发育及完成功能创造一个好的环境；施肥上应以稳为核心，增施有机肥，稳定土壤结构；化肥应以多元复合肥为主，防止生理性缺素症发生。

二、苹果养分需求规律

年周期中苹果各器官中养分含量不是一成不变的，它随着生长季节的不同而发生动态变化。在早春，叶片中氮、磷、钾含量最高，随物候期进展而逐渐减少，至果实膨大高峰期，叶片中各种养分含量最少，晚秋以后，各种养分含量又有所回升。枝条中养分含量，尤其是氮的含量，以萌芽期、开花期为最多，随生长期推进而逐渐减少。在 6 月底全树含氮量达最低点，但至落叶期，枝条中氮、磷、钾含量又有所增加。同样，果实内的养分含量也是变化的。一般幼果养分含量高，成熟时树体内碳水化合物比重大，因而矿质养分的百分含量下降。

树体这种养分含量的变化反映了不同生长发育阶段对养分需求的变化，对氮素而言，苹果地上部新生器官需氮可分3个时期（图2-1）：第一个时期从萌芽到新梢加速生长为大量需氮期，需氮量为当年新生器官总氮量的80%，此期充足的氮素供应对保证开花坐果、新梢及其叶片的生长非常重要。此期前半段时间氮素主要来源于贮藏在树体内的氮素，后期逐渐过渡为利用当年吸收的氮素。第二个时期从新梢旺长高峰后到果实采收前为氮素营养的稳定供应期，需氮量为当年新生器官总氮量的18%，此期稳定供应少量氮肥对提高叶片光合作用的活性起重要作用，此期施氮较难处理，施氮过多影响品质，施氮过少影响产量。第三个时期从采收至落叶为氮素营养贮备期，需氮量为当年新生器官总氮量的2%，此期氮含量高低对下一年分化优质器官创高产优质起重要作用。对磷素而言，一年中苹果的需求量在迅速达到高峰后，开始平稳需求，新生器官4个时期需磷比例分别为82%、11%、6%和1%。对钾素而言，以果实迅速膨大期需钾较多，新生器官4个时期需钾比例分别为48%、31%、21%和0。

根据上述年周期养分需求特点，对氮、磷养分必须加强秋季贮藏保证第二年春季的需求；对果实需求较多的钾肥，在生长季尤其是果实膨大期要及时补充。

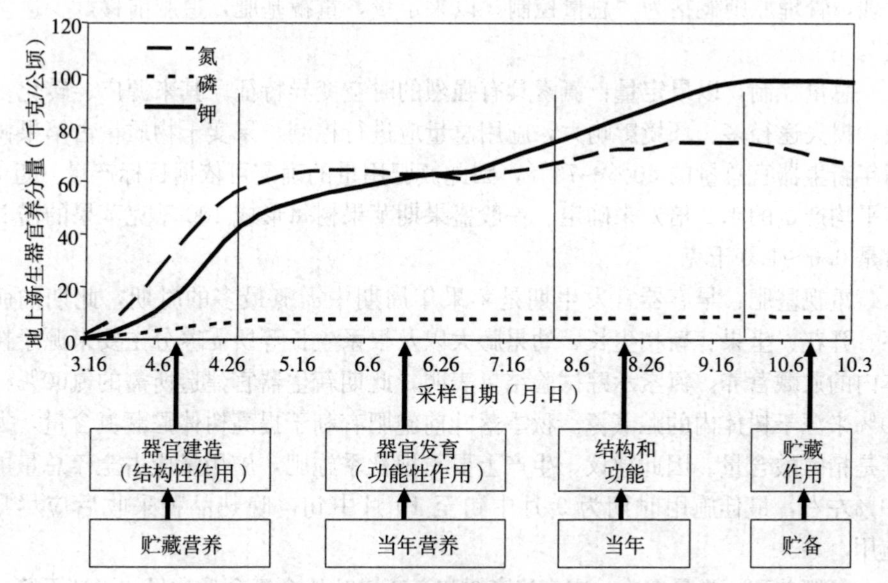

图2-1　红富士苹果年周期地上新生器官养分累积动态
（2004年，山东泰安）

第二节　苹果养分管理策略

不同养分的资源特征和对苹果产量、品质的效应不同，因此生产上制定养分管理策略时应分类进行（表 2-3）。

表 2-3　不同养分资源的特征差异与管理策略

养分	资源特性	管理策略
氮	来源广；去向多；环境危害大；果实敏感性高	总量控制、分期调控
磷和钾	资源有限；土壤库存大但有效性低；有效性长；果实敏感性低	恒量监控
中微量元素	不足会导致减产甚至绝产；过量则会导致毒害	因缺补缺、矫正施肥

一、氮肥“总量控制、分期调控”

氮素是把“双刃剑”。一方面，氮作为果树生长所需量最大的元素，在产量和品质形成中发挥重要作用，其缺乏会产生不利影响；另一方面，氮供应过多也会对产量和果实品质产生不利影响，同时还会产生一系列环境问题（如土壤硝酸盐积累、温室气体排放等）。由于氮素资源具有来源的多样性、去向的多向性及其环境危害性、产量和品质的敏感性等特征，对氮素养分应进行精确管理，管理原则概括为“总量控制，以果定量，重视基肥，追肥前移，少量多次”。

总量控制，以果定量：氮素具有强烈的时空变异特征，其来源广、转化复杂、损失途径多、环境影响大，施用总量应进行控制。果实干物质量占苹果树当年新生器官总量的 50%～70%，因此氮肥用量的确定可依据目标产量（近 3 年平均产量的 1.2 倍）来确定。一般盛果期苹果树每形成 100 千克苹果的需 N 量是 0.6～1.0 千克。

重视基肥：早春器官发生期是苹果年周期中需氮最多的时期，此期的萌芽、开花、坐果、新梢生长、幼果膨大以及根系生长等所需养分主要来源于树体内的贮藏营养。氮素示踪试验结果表明，此期新生器官建造所需的氮60%～90%来源于树体内的贮藏氮。秋季落叶前施肥有利于提高树体贮藏氮含量，尤其是精氨酸含量。因此建议，生产上要重视秋季施肥，施用量应占全年总量的60%左右，最佳施用时期为 9 月中旬至 10 月中旬，晚熟品种采收后应尽早施用。

氮肥前移，少量多次：丰产稳产树和变产树叶片全氮含量均呈“迅速下降—缓慢下降—迅速下降”的趋势，丰产稳产树缓慢下降阶段较长，在果实采收后才迅速下降，而变产树缓慢下降时间较短，在第一次果实膨大期开始迅速下降，表明果实膨大期至采收前这段时间叶片氮素养分状况是造成产量水平变化的主要原因。因此，在中国果园土壤瘠薄、保水保肥能力弱的情况下，进行氮肥前移，维持果实膨大后期土壤养分的充足供应是实现丰产稳产的保证，同时还能够降低后期氮过高对品质的负效应。此期正处雨季，氮素极易发生径流和深层淋洗，采用少量多次的氮肥施用策略可有效降低土壤氮素含量的变化，有利于保证果实膨大后期养分的稳定供应。

二、磷、钾肥“恒量监控”

磷和钾在果园土壤中移动性相对较小，更容易在土壤中保持和固定，损失也较少，在土壤中可以维持较长时间的有效性，且在适量施用范围内增加或减少一定用量不会对果树生长和产量造成很大的波动。在不同类型土壤上研究发现，耕层（0～20 厘米）土壤全磷含量每累积 100 千克/公顷，土壤有效磷仅增加 1.44～5.74 毫克/千克。因此，磷、钾肥的管理可采取“恒量监控”的方法，根据土壤测试值和养分平衡计算法，将土壤有效磷和速效钾含量持续控制在既能够获得高产又不造成环境风险的适宜范围内。要定期（一般 3～5 年）进行苹果园土壤磷、钾的测试，在测试值基础上依据土壤磷、钾含量范围（低、中、高）结合果树目标产量的磷、钾养分需要量来制定今后一定时期（3～5 年）内的磷、钾施用量。若土壤磷、钾养分含量处于低水平，则磷、钾肥施用不仅要满足果树的需求，还应通过施肥使土壤磷、钾含量逐步提高到较为适宜的水平，因此磷、钾肥推荐量一般超过果树目标产量的需求量；如果土壤磷、钾养分含量适宜，则施用量即为果树对磷、钾的需求量；如果土壤磷、钾含量很高，则应逐步减少磷、钾肥用量，使土壤磷、钾含量通过果树的吸收、消耗最终维持在一个适宜的范围内。

三、中微量元素肥料“因缺补缺”

相对于大量元素氮、磷和钾，果树对中微量元素的需求量相对较少，正常条件下土壤所含有的中微量元素可满足其生长的需要。但在高产和有土壤障碍发生或土壤中微量元素含量低的地区，以及大量元素肥料施用不合理的地区，往往会产生中微量元素缺乏问题。由于需求量少，是否需要施用中微量元素肥料主要取决于土壤特性、果树品种和产量水平。因此，中微量元素的管理应采取“因缺补缺、矫正施肥”的技术模式，以土壤、植株监测为主要手段，对于缺素土壤或作物，通过施用适量肥料进行矫正，使其成为非产量和品质限制因子。对于并非因土壤养分缺乏而造成的果树中微量元素缺素现象，则应通过增施有机肥、调节土壤理化性状等加以解决。

四、根层调控施肥

土壤中肥料养分的供应空间、时间和含量与果树需求不匹配是造成肥料养分低效的根本原因。果树根系与根层养分供应之间存在互馈机制，适宜的根层养分含量有利于促进根系生长和合理根系构型建造，而合理的根系构型和有节奏的根系生长反过来又促进养分生物有效性的提高。因此，通过根层养分调控把根层土壤有效养分调控在既能满足苹果的养分需求，又不至于造成养分过量累积而向环境中迁移的范围内，尽可能使来自土壤、肥料和环境的养分供应与苹果养分需求在数量上匹配、在时间上同步、在空间上耦合，是提高肥料利用效率的重要途径。不同施肥深度和位置、水肥一体化、土壤根际注射等根层调控施肥技术试验表明，将肥料准确施入根系密度较高的根层，氮素利用率可提高 10.21%～16.36%。

（撰稿人：姜远茂、葛顺峰）

第三章 <<<
苹果病虫害发生特征与防治策略

第一节　苹果病虫害发生特征

一、食心虫类害虫已得到有效控制

桃小食心虫是苹果最重要的果实害虫，自20世纪50年代开始在辽南苹果上造成重大危害，虫果率一般达30%以上，至80年代中期虫果率仍在10%左右，严重影响苹果产量和品质。经过近年科技攻关，提出并推广了以地下防治为主、树上适期防治相结合的措施，加强幼虫地面出土时期和树上卵果率的监测，掌握卵果率1%的指标喷药，同时利用Bt乳剂、昆虫病原线虫、白僵菌等防治桃小食心虫的技术日趋完善，防治工作取得明显效果。特别是90年代以来，结合果实套袋技术和拟除虫菊酯类农药的广泛使用，基本控制了该虫为害。套袋果园虫果率一般在1%以下，无须单独施药，也不致造成较大损失，但是在不实行套袋栽培管理或管理粗放的果园，桃小食心虫仍是需要重点监测的对象之一。

二、叶螨类害虫仍是主要防治对象

苹果树害螨种类主要有苹果全爪螨、山楂叶螨和二斑叶螨。河北北部和辽宁地区以苹果全爪螨为优势种群，其次为山楂叶螨，仅在部分山定子等砧木上发生较重，发生最轻的为二斑叶螨。河南、山东苹果园发生的害螨以山楂叶螨为主，其次是苹果全爪螨，二斑叶螨的发生面积和数量最少。二斑叶螨在全国各地为害逐渐减轻，但在部分果区，为害仍然较重。近年我国北方干旱少雨日趋严重，北方果区开始大力推广果园自然生草管理，又加大了二斑叶螨暴发为害的危险性。进入21世纪后，由于广泛采用综合防治技术，选用对天敌较安全的生物制剂和专用杀螨剂防治，目前山楂叶螨和苹果全爪螨的猖獗为害已基本得到遏制。

三、金纹细蛾的为害减轻

由于金纹细蛾是以蛹在受害落叶中越冬，采取清除园内枯枝落叶、翻耕园地作为重要的预防手段，破坏了金纹细蛾的越冬环境，对压低虫口基数或减轻其为害程度起到举足轻重的作用，使得近些年其为害较轻。随着果园自然生草管理措施的大面积推广实施，清得洁果园和翻耕园地次数减少，导致虫口基数增加，同时推广生草制后，果园地温提高，土壤湿度增加，非常有利于金纹细蛾安全越冬，但仍然存在为害加重的可能。

四、蚜虫类害虫为害加重

苹果瘤蚜、苹果黄蚜、苹果绵蚜均为阶段性和局部发生的害虫。尤其是苹果黄蚜，其种群消长与苹果新梢生长规律吻合。近年来，由于苹果树采用了矮化密植模式，幼树密度普遍加大，氮肥施用量增多，使新梢停止生长期推迟，幼嫩组织增多，有利于蚜虫生存、繁衍，导致种群量大，为害加重。同时，对苹果瘤蚜越冬卵的孵化期未能进行准确的预测预报或者没有抓住关键防治时期进行防治，造成后期为害严重，药剂防治难以奏效，在某些管理粗放的果园，后期的虫梢率可达到 60%以上。苹果绵蚜的疫区面积在逐年扩大，过去苹果绵蚜仅在大连和青岛地区局部有所发生，近几年，在辽宁、河南、山东部分果区均有分布，且为害日益加重。

五、卷叶虫在局部地区为害加重

卷叶虫在果区普遍发生，且隔年发生严重，但由于氯虫苯甲酰胺、甲氧虫酰肼等高效药剂的出现，虽常严重发生，但未造成大的危害。部分发生严重的地区主要有以下原因：①近年冬季平均温度升高，以小幼虫作茧越冬的苹小卷叶蛾越冬存活基数较大；②忽视了第一代卷叶虫的防治而导致第二代虫口基数增加。花前是防治苹小卷叶蛾的关键期，但是由于不少地区使用了壁蜂授粉而限制了花前病虫害的防治，错过了防治苹小卷叶蛾的最佳时机；③20 世纪 90 年代以前，由于普遍推广人工释放赤眼蜂的生物防治技术，卵块寄生率达到 90%，卵粒寄生率达 80%以上，同时结合疏花疏果，卷叶虫的为害率曾经控制在 1%以下，但是近年由于忽视了生物防治技术在生产中的应用，单纯依靠化学防治，导致其随时有为害加重的可能。

六、危险性害虫的危害可能会加重

苹果蠹蛾原产于欧亚大陆，是世界著名的严重危害苹果生产的入侵害虫，也是中国的重要对外检疫性有害生物。苹果蠹蛾自 1953 年首次在我国新疆被发现，目前在我国分布于新疆、甘肃、内蒙古、宁夏、黑龙江、辽宁和吉林 7 省（自治区）。该虫已在中国形成东西 2 个分布区，对占中国苹果产量 80%的西北黄土高原（陕西为主）和渤海湾（山东、河北、辽宁为主）两大苹果主产区构成了严重威胁，一种有害生物一旦传入就很难将其清除，须引起高度重视。

七、果实套袋栽培加重了潜在病虫害的发生程度

果实套袋是目前推广优质无公害苹果的重要措施之一。苹果套袋后避免了果实与外界的直接接触，有效减轻侵染性果实病害和虫害的发生，如果实轮纹病、炭疽病、桃小食心虫和苹小卷叶蛾等，但苹果套袋后PAL（苯丙氨酸解氨酶）、POD（过氧化物酶）、SOD（超氧化物歧化酶）等木质素、蜡质、角质等合成酶的活性受到抑制，果实抗病性下降，加之果实处于一个特殊的微域环境，袋内的高温、高湿加重了一些潜在病虫害的发生，果实易发生斑点病、苦痘病、痘斑病、锈果病、康氏粉蚧为害、黄粉蚜为害。以富士为主栽品种的产区，因缺钙而引发的苦痘病、痘斑病等生理性病害危害严重，应引起高度重视。

八、苹果树腐烂病呈现上升态势，且大发生的趋势越来越明显

苹果树腐烂病一直是威胁我国苹果生产的重要病害，该病不仅造成苹果产量和品质的下降，也是造成死树和毁园的主要原因。苹果树腐烂病在进行调查过的主产省份发病均较重，发生较重的主要区域是环渤海产区和黄土高原产区，向周边发散变轻，西北地区的甘肃省西南部、东北地区的黑龙江及西南地区的云南昭通等部分区域也有较重发生。

苹果树腐烂病的防治问题一直以来都是通过采取以加强栽培管理、提高树体抗病能力为基础，以及时检查刮治病疤为重点，与清除病原、药剂防治、病树桥接相结合的综合防治技术来解决，现在仍是以此法为主。防治药剂原以福美胂防治效果最为明显，但随着砷制剂被禁用，生产上使用的石硫合剂、松焦油、腐殖酸、腐殖酸·铜、过氧乙酸等药剂防治效果较差，苹果树腐烂病的有效药剂种类极为缺乏。目前，甲基硫菌灵、戊唑醇、甲硫·萘乙酸、噻霉酮等对苹果树腐烂病有一定防治效果的药剂均已批准登记，但仍需广大果树和农药科研人员抓紧研发更高效安全的福美胂替代品和先进的防治技术，以应对目前苹果树腐烂病发病的上升态势。

九、苹果果实轮纹病得到控制，苹果枝干轮纹病、干腐病日趋严重

苹果轮纹病是我国苹果生产上的重大病害。该病不仅可以危害枝干，还能

造成大量烂果。近年来，果实套袋技术的推广应用，对苹果果实轮纹病起到了良好的防治效果，套袋果园几乎没有轮纹烂果的发生，用药次数也由先前的十几次降低到现在的6～7次。

但也正是因为施药次数的减少，对枝干的保护也相对减少，再加上树势衰老、营养缺乏、负载量过大等原因，造成苹果枝干轮纹病和干腐病的发生率大幅上升。有些枝条刚结果几年，甚至还没结果即枯死，影响结果年限，大树枝干病瘤累累，削弱树势，导致产量下降，损失程度已经超过苹果树腐烂病。

苹果枝干轮纹病和干腐病的防治仍以加强栽培管理、提高树体抗病能力为基础。目前主要防治方法为早春至生长前期刮除主干和主枝病瘤，然后涂抹石硫合剂渣滓，萌芽期喷石硫合剂等铲除性杀菌剂，但效果均不明显。而且刮治病瘤也存在着技术上的困难，一方面，随着病瘤的增多，工作量越来越大，生产上无法实现；另一方面，对病瘤的刮治程度不好把握，特别是在北方春季干旱、风大的地区，如果刮治过重，很容易造成树皮失水风干，给树体带来极大伤害。因此，苹果枝干轮纹病和干腐病的防治技术已成为广大果农最急需的技术，很多科研单位也在加大对枝干轮纹病的研究力度，目前已有一些成果正被逐步推广应用于苹果枝干轮纹病和干腐病的防治。

十、苹果褐斑病、斑点落叶病发生仍然严重，新的叶部病害不断出现

近年来，苹果褐斑病、斑点落叶病发生仍然严重，尤其是褐斑病，造成落叶现象十分普遍。同时，随着品种结构改变与栽培模式的变化，新的苹果叶部病害不断出现，给苹果产业带来威胁。

苹果炭疽叶枯病就是近年来发生在嘎拉、金帅、秦冠等含金帅亲本苹果品种上的一种新的叶部病害，可造成叶片大量脱落，而富士系、红星系品种表现迟钝。炭疽叶枯病发生初期，在叶片上产生明显的紫褐色圆斑，病斑扩大后边缘仍保持紫褐色，遇田间湿度增大则在叶片正面产生大量的圆形排列的病菌分生孢子团，内含大量分生孢子。一般在气温35℃以上、持续闷热的天气下或轻微药害造成树势衰弱时，炭疽叶枯病易发生流行。有时局部区域叶片明显脱落，叶面上病部有明显的小黑点。防控苹果炭疽叶枯病可在6月中旬后，地面浇水降温，或通过覆盖遮阳保证土壤温度不超过35℃；合理选择药剂，一般可选用波尔多液、吡唑醚菌酯、咪鲜胺、甲基硫菌灵等药剂。

因此，建议在金帅系品种上以施用保护性杀菌剂波尔多液、代森锰锌、丙森锌、百菌清等为主，若需要用治疗性杀菌剂可用吡唑醚菌酯及其复配剂、咪

鲜胺、多菌灵、甲基硫菌灵等药剂。

苹果丝核菌叶枯病是近年来发生在嘎拉、美八、红富士等苹果品种上的一种新的叶部病害，一般7月初开始发生，尤其是降雨后暴发，造成叶片迅速干枯。该病首先从芽部开始侵染，导致叶柄和局部叶片或整叶枯死，但枯死叶片不脱落（这点可与斑点落叶病、褐斑病等早期落叶病及苹果炭疽叶枯病相区别）。病斑在叶片上扩展迅速，从叶柄开始向叶端迅速发展，有时在叶片、枝条上可见明显菌丝。氟硅唑、戊唑醇和苯醚甲环唑对苹果丝核菌叶枯病的抑制作用较好，也可用保护性杀菌剂1∶2∶200倍波尔多液处理，可从6月下旬开始用药，用药间隔时间根据降雨情况决定，一般为10～14天。

十一、苹果白粉病年份差异、苹果锈病地区差异明显

苹果白粉病是一种常发性病害，但年份差异明显。近几年有发生明显加重现象，渤海湾产区多数果园均有发生，平均病叶率50%左右，部分果园病叶率达90%左右，影响果树生产。

苹果锈病由于其转主寄生的特性只在某些风景区周围发生严重，不会给整个苹果产业带来危害。

防治两种病害可选用戊唑醇、腈菌唑、苯醚甲环唑、烯唑醇、甲基硫菌灵等药剂轮换使用。

十二、个别果园根部病害问题严重

苹果根部病害包括圆斑根腐病、根朽病、白纹羽病、紫纹羽病等，其发生虽不像其他侵染病害那样具有较强的流行性，但如果某片果园有根部病害的发生，也具有一定的传染力。近年，辽宁省绥中县果树农场出现多处苹果圆斑根腐病发生，辽宁省朝阳县、建平县的果园内苹果根朽病的危害亦有加重趋势。因根部病害直到地上部表现症状才可被发现，此时根部已基本失去活力，采取根部施药的方法也无法治疗，若采用换土的方法则工作量太大，现实中无法实现，所以发生根部病害的果园会出现连年死树的现象，严重影响种植者的信心。

第二节 苹果病虫害防治策略

苹果病虫害是影响产量和品质的关键因素。在很长一段时间，我国对苹果病虫害主要依赖化学农药防治，这种方法短期效果不错，也曾取得了不错的成绩，特别是在中华人民共和国成立初期，为解决大众百姓的温饱问题作出了巨大贡献。但不可否认，化学农药过度使用，特别是不科学、不合理使用，也让

我们付出了巨大的生态代价。随着我国发展进入新时代、新阶段，人们的生态理念不断提高，保护生态环境已成为刻不容缓的时代任务。当下，坚持“绿色植保、生态植保”的苹果病虫害绿色防控成为主流。

从过度依赖化学防治，到病虫害综合治理策略，再到以生态调控控制病虫害为主的绿色防控技术，我们的防治理念在不断可持续化、绿色化、环境友好化。现阶段，在有效控制苹果病虫害的同时，要真正做到减少化学农药的使用量，减少对生态环境的污染，就必须走以生态学为主线，把农业防治、物理防治、生物防治以及科学、合理、安全使用农药的技术等各种防治技术和防治方法用生态学理念串联起来，有机结合，通过相互联系、相互依存和相互制约，使得苹果病虫害的防治在真正满足绿色植保理念的同时，达到有效控制的水平，确保果品生产安全，提高果品品质，促进果业增产、果农增收。

一、以生态调控为基础

生态调控涵盖了对土壤、气候、水分、有利有害物种等因素的调节，主要目的是改变不利的环境调节，或者削弱不良环境因子对生物种群的危害程度；着重于调控苹果病虫害发生区的生态环境，诸如土壤环境、气候环境、水分条件等。

1. 对土壤环境的调控措施

土壤环境是一个特殊的生态环境，对土壤环境的调控，旨在改变土壤的温度、湿度、理化性能等，使得土壤环境不适合地下害虫越冬，不适宜害虫的分布、生存、发育和活动，不利于病原菌的存活、传播、为害等。按调控具体实施，可分为物理措施、化学措施和生物措施等。物理措施有耕、耙、犁等，化学措施有施用消毒剂、土壤修复剂等，生物措施有撒施有机菌肥、种植绿肥、秸秆覆盖、繁殖蚯蚓等。

2. 对气候环境的调控措施

温度、湿度、降水、光和风（包括田间小气候）均为气候因素。气候环境的调控，可分为区域性气候和局部性气候环境的调整。区域性气候环境的改善属于宏观层面调控，主要是利用大规模绿化和农田林网建设、人工降雨、烟雾防霜等措施来实现；局部性气候环境属于微观层面调控，主要通过合理修剪、人工生草等方法实现。

3. 对土壤水分的调控措施

通过一些水利工程建设，如修水库、建水闸、田间排灌，还有灌溉设施改造，如喷灌、滴灌等措施，提高土壤保水能力，创造一个不利于病虫害生存的生境。

二、强化使用生物、物理控制措施

1. 科学使用物理防控手段

根据果园害虫发生的种类及果园环境设施，生长期利用杀虫灯或黑光灯、诱虫板、糖醋液等诱杀害虫（螨），落叶前可使用诱虫带、诱蛾草把等将准备越冬的害虫集中消灭。

2. 继续完善套袋技术

保护果实免受病虫为害，可减少喷药次数、降低农药污染等。

3. 合理种植周边作物

根据病虫发生特点不在果园周围种植相应果树病虫的转主寄生植物，避免交叉为害，如不在苹果或梨园周围种植桧柏等。或在果园周边种植利于天敌昆虫生存繁衍的蜜源植物、储蓄植物等，加强果园自然生态系统的平衡和对果树害虫的控制。

4. 积极采用生物防治技术

如人工释放松毛虫赤眼蜂可有效防治卷叶蛾、刺蛾等多种鳞翅目害虫，利用捕食螨防治果树害螨等，人工释放瓢虫防治蚜虫、叶螨等害虫。

5. 大力推广果园生草措施

在干旱、半干旱地区推广地面生草措施，可人工种草，也可自然生草。既可以保持果园土壤水分，又可以为天敌的繁殖提供必要的栖息场所。实行生草管理的初期，可能会引起某些害虫发生量的加重，但是随着果园生态系统的修复，天敌的种类和数量会逐渐上升，同时结合使用其他的配套措施，将害虫控制在一定的水平之下。

三、合理应用化学防治

由于果园长期大量使用化学农药，不可避免地带来了害虫的抗药性增加、次要害虫暴发、污染环境等一系列的生态问题。但是在目前的农业生产模式下，化学防治仍然处于无法替代的地位，这就要求我们必须掌握农药的合理使用技术，趋利避害，尽量协调好化学防治和其他防治措施之间的关系。

1. 在病虫害防治的关键时期用药

如花前花后是苹果全爪螨卵孵化高峰期和山楂叶螨越冬雌成螨出蛰期，此时用药，会收到事半功倍的效果。春、秋两季是腐烂病侵染发生高峰期，要及时进行刮治，同时涂抹药剂保护。虫害的防治可以使用选择性较高的农药或者使用非化学措施在关键期压低全年的害虫基数；病害的防治要在发病的初期，做到早发现、早治疗，同时防重于治。

2. 按照经济阈值用药

加强病虫的动态监测，按照经济阈值进行防治，可以明显减少农药的使用量。如苹果叶螨一般7月以前防治指标可掌握在平均每叶后期若螨和成螨3～4头，7月以后则放宽到平均每叶5～6头。落叶病春季平均病叶率达到5%左右时，用专用药剂进行第一次防治。目前主要病虫，如桃小食心虫、叶螨、斑点落叶病等监测技术和防治指标已经完善，可在生产中推广和使用。

3. 尽量使用选择性较高的农药，避免广谱性农药对天敌的伤害

如在防治叶螨时使用螺螨酯、乙螨唑、联苯肼酯、三唑锡等专性杀螨剂；防治蚜虫时使用氟啶虫胺腈、吡虫啉、啶虫脒等专性杀蚜剂；防治褐斑病时使用戊唑醇、苯醚甲环唑等专性杀菌剂；尽量少用拟除虫菊酯类等广谱性农药，减少对天敌的伤害，保护果园生态环境。

（撰稿人：仇贵生）

第四章 <<<
苹果园园地条件优化技术

第一节　苹果园生草技术

1. 针对问题

针对我国苹果园土壤管理传统上多采用清耕制，导致土壤有机质持续下降、根系功能低下等问题。

2. 技术要点

根据我国苹果园土壤管理现状，采用“行内清耕或覆盖、行间自然生草（+人工补种）+人工刈割管理”的模式，行内保持清耕或覆盖园艺地布、作物秸秆等物料，行间其余地面生草。

提倡利用乡土草种自然生草。果园杂草种类众多，要重视利用禾本科乡土草种；以稗类、马唐等最易建立稳定草被。整地后让自然杂草自由萌发生长，适时拔除（或刈割）豚草、苋菜、藜、苘麻等植株高大、茎秆木质化的恶性杂草和牵牛花、葎草、萝藦、田旋花、卷茎蓼等缠绕茎的草。

自然生草不能形成完整草被的地块需人工补种，增加草群体数量。人工补种可以种植商业草种，也可种植当地常见单子叶乡土草（如马唐、稗、光头稗等）。采用撒播的方式，事先对拟撒播的地块稍加划锄，播种后用短齿耙轻耙使种子表面覆土，稍加镇压或踩实，有条件的可以喷水、覆盖稻草或麦秸等保墒，草籽萌芽拱土时撤除。

生长季节适时刈割，留茬高度15～20厘米为宜；雨水丰富时适当矮留茬，干旱时适当高留，以利调节草种演替，促进以禾本科草为主要建群种的草被发育，一定要避免贴地皮将草地上部割秃。刈割时间掌握在拟选留草种（如马唐、稗等）抽生花序之前，拟淘汰草种（如藜、苋菜、苘麻、豚草、葎草、牵牛花等）产生种子之前。

环渤海湾地区自然气候条件下每年刈割次数以4～6次为宜，雨季后期停止刈割。刈割的目的是要调整草被群落结构，并保证“优良草种”（马唐、稗等）最大的生物量与合理的刈割次数。例如，沈阳地区自然条件下，第一次刈割宜在套袋前进行，全园刈割，防止苋菜、藜等植株高大、秸秆木质化的阔叶草生长过于高大，此时马唐、稗等单子叶草尚未形成优势群落，刈割后生长迅速，会很快成为优势草种。第二次在雨季中期进行，此时单子叶草已成优势草种，只割行内，每行（幼龄）树行内 1 米范围内刈割，保留行间的草，增加果园蒸腾散水量，防止土壤过湿，引起植株旺长。第三次刈割可在雨季中后期全园刈割一次，防止单子叶草抽穗老化。第四次刈割可在果实膨大末期（雨季后期），全园统一割一次，减少双子叶植物结籽基数。最后一次刈割控制在摘袋前半月左右，保证摘袋时草被形成新的草被叶幕层。

3. 技术图片

苹果园生草

4. 技术效果

果园生草能够稳定果园土壤环境，改善果园浅层土壤理化性状，促进有机质持续增加，提高根系功能。建立完善的生草制度后肥料利用效率显著提高，在沈阳、抚顺地区 160 余片果园示范结果表明，在亩* 产 3 000 千克左右的情况下，清耕制果园平均化肥施用量为 268.2 千克/亩，而生草制果园仅为 50～120 千克/亩，生草后节肥达 55.26%～81.42%，效果极为显著，且果实可溶性固形物含量要高 1～2 个百分点。

5. 适宜地区

本技术主要用于宽行密植的集约化果园，其他类型果园可参考应用。

---

* 亩为非法定计量单位，1 亩＝1/15 公顷。——编者注

6. 注意事项

实行生草制的幼龄园、矮砧园生长季注意给草施肥 2～3 次，已建立稳定草被的果园雨季给草补施 1～2 次以氮肥为主的速效性化肥，每亩用量 10～15 千克。

长期生草的果园表层土壤出现致密、板结现象时，应进行秋季耕翻，促进草被更新重建。耕翻时不宜一次性全园耕翻，可先隔行耕翻，翌年耕翻剩下的。

种群结构较为单一的商业草种形成的草被病虫害较重，尤其是白粉病、二斑叶螨等要注意防控。

树干基部的草越冬前清理干净，防止田鼠、野兔等越冬期间在草下啃啮树皮。

（撰稿人：吕德国）

第二节　苹果园间作芳香植物技术

1. 针对问题

针对我国苹果园土壤肥力低、病虫害发生严重、长期使用农药和化肥而导致果园微域生态环境恶化、果品优质安全水平较低、持续性提高品质较难的实际问题，从生态调控角度出发，建立以间作芳香植物为主体的间作技术。

2. 技术要点

芳香植物草种：孔雀草、薄荷、罗勒等。

苗床及播种：3 月中下旬，行间将土整细、整平，做宽 1.0～1.2 米、长 6～8 米的苗床，每个苗床施 10 千克左右的有机肥，将种子和沙混合后，均匀地播上，每 100 克种子播种面积为两畦地。播种完成后，用喷壶浇水，然后盖上拱膜，棚内温度以 25～30℃为宜。苗期一定要保持土壤的湿度达到田间持水量的 50%～60%。早晚检查出苗情况，待苗长至 20 厘米高时，注意揭膜炼苗 3～5 天，即可移栽。

移栽及管理：4 月左右，将苗移栽至果园。按（25～30）厘米×（40～50）厘米的株行距进行定植，栽后浇足水，确保成活。田间移栽后，要及时浇水，控制好水分供给，在幼苗成活后，需除 2～3 次田间杂草，确保幼苗能正常生长。后期按照间作植物的生长情况，及时做好水肥管理，以及刈割等管理措施。

3. 技术图片

苹果园间作芳香植物

4. 技术效果

间作芳香植物降低了害虫亚群落的个体数，提高了天敌的个体数，增加了果园微域生态环境的多样性，较传统果园减少打药次数 2～3 次，减药 35%；改善了苹果园土壤含水量，增加了有机质的含量，改善了微生物群落的结构，化肥用量减少 60%，产量提高 10%～15%，优果率提高 15%～20%。

5. 适宜地区

北京及周边气候相似的苹果产区均可。

6. 注意事项

注意间作的芳香植物与当地原生草种的生态适应性。

（撰稿人：张杰、姚允聪）

第三节　苹果园起垄栽培技术

1. 针对问题

渤海湾产区雨热同季，经常引起内涝、根系生长不良、秋梢旺长、花芽分化差、产量低、品质差，甚至引起死树。

2. 技术要点

（1）起垄时期

在果树定植前进行。

（2）起垄参数

垄高为 10～30 厘米（依据土壤黏重程度和排水情况确定，土壤黏重、排水不良的要高些），垄宽 1.5～2.0 米。在平原区易积水的果园，也可在垄两侧开排水沟，沟深 20 厘米、宽 20 厘米左右，沟内埋秸秆或有机肥，既可雨季及时排水，又有利新根发生。

3. 技术图片

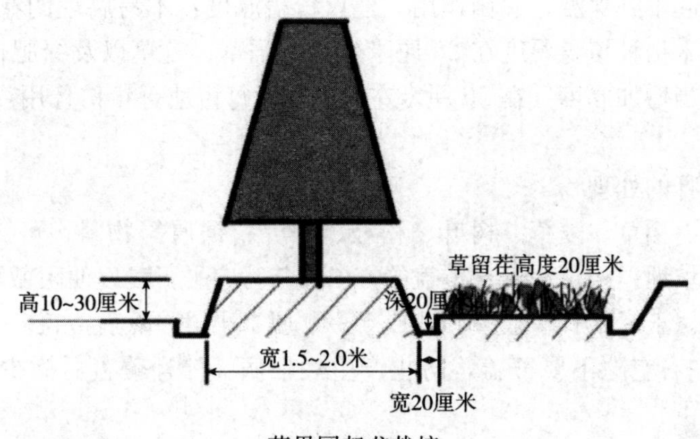

苹果园起垄栽培

4. 技术效果

栽植成活率提高 10%～15%，幼树生长量提高 35%～95%，提早 1～3 年进入盛果期，初果期增产 40%～80%，氮素等养分利用率提高 10%～15%。

5. 适宜地区

在苹果主产区均可应用，年有效降水量 600 毫米以上的渤海湾苹果产区尤其适合采用该技术。

6. 注意事项

起垄栽培要和覆盖、行间生草、水肥一体化等技术结合。

（撰稿人：葛顺峰、姜远茂）

第四节　苹果园有机物料覆盖技术

1. 针对问题

我国苹果园立地条件普遍较差，土壤瘠薄，有机质含量低（1%左右），园土保水保肥能力不足，化肥利用率低。有机物料覆盖可改善土壤理化性质，增加土壤水肥保持能力，抑制杂草生长，稳定根区温度，增加产量以及提升品质。

2. 技术要点

（1）覆盖宽度

幼树果园和矮化砧成龄果园在果树两侧覆盖宽度为 0.5～1 米，行间采用生草制。乔化成龄果园，行间光照条件较差、根系遍布全园，可采用全园覆盖制度。

(2) 覆盖厚度

有机物料除提供有机质外，其厚度决定了杂草的抑制效果，太薄不能有效抑制杂草，起不到保温、保墒作用。建议覆盖厚度：不易腐烂的花生壳 15 厘米左右，玉米秸秆覆盖厚度在 20 厘米左右，稻草、麦草以及绿肥作物等要容易腐烂，适当增加厚度，在 25 厘米左右。一般每亩地每年秸秆用量在1 000～1 500 千克。

(3) 秸秆的处理

花生壳、稻草、麦草、树叶、松枝、糠壳、锯屑等物料，可直接覆盖树盘，如果是坡地，稻草和麦草覆盖的方向要与行向平行，以便阻截降水、防止地表径流等。玉米秸秆一般最好铡成 5～10 厘米小段，然后覆盖。主干周围留下 30 厘米左右空隙不要覆盖，防止产生烂根病。秸秆覆盖后撒少量土压实，防止火灾发生。

(4) 覆盖时期

一般在春季 5 月上旬以后，地温回升，果树根系活动时开始覆盖。第二年春季如果覆盖太厚，可扒开覆盖物，加快地温回升速度，防止幼树抽条。到地温回升后，恢复覆盖物并添加到适当厚度。

(5) 旋耕处理

为了增加下层土壤的有机质含量，在新一轮覆盖工作开始前，可用小型旋耕机在树盘内距离树干 30 厘米左右旋耕，旋耕深度 20 厘米左右。这样可以把处于半腐烂状态的有机物料与土壤充分混合，既提高了与土壤微生物接触机会、加快腐烂速度，又增加了下层土壤有机质含量。

(6) 调节碳氮比

为了加快秸秆的腐烂速度，可在雨季向覆盖物上撒施适量尿素并零星覆盖优质熟土，或者撒施腐熟的农家肥，促进秸秆腐烂还田。

3. 技术图片

未覆盖对照

覆盖玉米秸秆

秸秆上撒施有机肥

秸秆喷施尿素

4. 技术效果

果园连续 3～4 年每亩覆盖玉米秸秆 1 000～1 500 千克，相当于增施 2 500～3 000 千克优质圈肥，0～40 厘米土层有机质提高 3～4 个百分点，氮、磷、钾含量增加 54.7%、27.7%和 28.9%，每年减施纯氮（N）3～5 千克/亩、纯磷（P_2O_5）4～7 千克/亩、纯钾（K_2O）4～6 千克/亩，单果重增加 20%～30%，一级果率提高 10%～15%。

5. 适宜地区

适合锦州、朝阳、葫芦岛、兴城等辽宁西部以及营口、大连等辽南苹果主产区，其他果区可参考实施。

6. 注意事项

覆盖尽量不要间断，否则表层根会受到严重损害；覆盖后地表暂时缺氮，需增施氮肥；覆盖后果园的鼠害和晚霜也略有增加趋势；有霜冻地区，早春应扒开树盘覆盖物，温度回升后复原；覆盖后，不少病虫害栖息覆草中过冬，增加了虫害发生危险。

（撰稿人：李壮、李燕青、程存刚）

第五节　苹果连作障碍综合防控技术

1. 针对问题

老果园更新时面临连作障碍现象较为普遍，再植幼树根系生长缓慢，导致再植幼树树体矮小，病虫害加重（特别是枝干病害），结果期延迟 2～3 年，甚至连作 7～8 年的果园仍无经济产量。苹果产量降低 20%～50%，品质变劣，给苹果生产者带来巨大的经济损失。

2. 技术要点

（1）冬前开挖定植沟

秋季果实采摘后，尽快去除老树，每亩撒施腐熟好的农家肥 5 000 千克，全园旋耕 30～40 厘米。之后按设计好的行距开挖定植沟，定植沟深 80 厘米左右，宽不低于 100 厘米。开沟时将上层土（熟土）与下层土（生土）分开（即 0～40 厘米和 40～80 厘米的土）放置，开沟过程中注意捡除残根。定植沟于春季回填，回填时上下层土颠倒位置，即生土置于上部，熟土置于沟底。

（2）定植穴土壤处理与定植

栽植前树穴土用防治连作障碍专用菌肥处理。3 月下旬至 4 月上旬，在定植沟内挖 40 厘米见方的树穴，将 1 千克防治苹果连作障碍专用菌肥（国家现代苹果产业技术体系研制）与树穴土壤充分混匀，选用优质苗木定植根系完整的大苗、壮苗、整齐苗，特别是优质的脱毒苗或相对抗连作障碍的砧木对成功建立连作园有积极作用，定植前苗木根系应在清水中浸泡 24～48 小时并修剪根系。定植后，于行内覆盖园艺地布。

（3）树盘种葱

定植后，树盘范围撒播葱种，即葱树混栽，行间间作一年生矮秆作物。定植当年 9 月上旬，去掉园艺地布，在树盘范围（距主干 30 厘米范围内）撒播葱种（每树盘播 4～5 克葱种），即让幼树生长在葱中，第二、第三年春季（或夏、秋季）继续在树盘撒播葱种，即树盘范围连续种葱三年。在葱生长季节，适当增施 1～2 次水、肥，同时行间连续三年间作一年生矮秆植物，如花生、牧草等，加强连作建园后的土肥水管理、病虫害防控和整形修剪等工作。

3. 技术图片

田间树盘范围种植葱

4. 技术效果

该技术已在我国山东、陕西、山西、甘肃、辽宁、河北等苹果主产区多点示范应用，与正茬相比，产量品质差异不大，但显著优于重茬对照，产量较对照增产 30%～50%，化肥利用率提高 15%以上。

5. 适宜地区

适合全国苹果产区。

6. 注意事项

若原果园土壤有白绢病、金龟甲等病虫害，处理土壤时要专门防治。

（撰稿人：毛志泉、尹承苗）

第六节　苹果连作障碍生物防治技术

1. 针对问题

我国苹果种植区域较为集中，因耕地面积所限，原址重建果园较多，连作障碍发生较为严重，对我国苹果可持续发展构成了严重威胁。苹果连作障碍又称为再植病害或重茬病，表现为连作果树生长发育迟缓，植株矮小，叶片小，节间缩短，甚至植株死亡等症状。

2. 技术要点

（1）在前茬老果园刨除后，全园深翻，将老果园的残根、病根全部清理并捡出果园外。

（2）挖定植穴或定植沟，挖出来的土壤与生物菌肥（复合菌种含量≥2亿/克）充分混匀，然后将混匀后的土壤回填定植。

（3）菌肥（菌液）用量：东北地区 0.5～1 千克/株，其他种植区 1～2 千克/株。定植后灌水时随水冲施菌液（复合菌种含量≥2.0 亿/克，如果树生物盾或根宝贝），平均 10 毫升/株。

（4）植株成活后，当新梢生长量达到 10～15 厘米，结合追肥，施入菌液（复合菌种含量≥2.0 亿/克，如果树生物盾或根宝贝），每株 10 毫升兑水 10 千克，冲施根际（灌根处理或随水冲施）。

（5）定植后 2～4 年，秋施肥时在原有根施有机肥和复合肥基础上增施生物菌肥 4～10 千克/株（树龄增长 1 年，菌肥用量增加 2 千克/株），生长季随追肥冲施或灌根施用菌液（复合菌种含量≥2.0 亿/克，如果树生物盾或根宝贝）10～20 毫升/株。

3. 技术图片

一年生重茬苹果（烟富 3 号，左为生物防治技术处理，右为对照）

二年生重茬苹果（糖木甜，左为生物防治技术处理，右为对照）

四年生重茬苹果（糖木甜，左为生物防治技术处理，右为对照）

4. 技术效果

经本技术处理后，连作苹果长势显著提高，其中4～6年树龄的处理已经正常结果，6年树龄的苹果树每亩产量达到4 000千克。本技术在有效防控苹果连作障碍的同时，实现了化学农药零投入，同时减少了化学肥料30%。

5. 适宜地区

主要适于环渤海产区，尤其是山东和河北苹果产区。陕西等黄土高原产区可以参考。

6. 注意事项

定植时生物菌肥要与定植用土壤充分混匀，定植后马上随水灌根施用菌液（复合菌种含量≥2.0亿/克，如根宝贝）。菌肥用量不可随意减少。

（撰稿人：王树桐、曹克强）

第七节　苹果园壁蜂授粉技术

1. 针对问题

自然条件下授粉效果难以保证，而人工授粉费工费时，劳动力成本大幅增加。壁蜂繁殖力强，管理简便，早春活动早，耐低温，即使在雨天等恶劣天气也能出巢授粉，并且访花效率高，传粉速度快，授粉效果好。

2. 技术要点

（1）巢箱、巢管与放茧盒的准备

①巢箱。巢箱有固定式和移动式两种。固定式用砖石等原料砌成，一次投入多年使用；移动式用木箱或纸箱做成。巢箱的长、宽、高分别为30厘米、20厘米、25厘米左右，距地面40～50厘米；一面开口，其余各面用塑料薄膜等防雨材料包好，以免雨水渗入。巢箱要放在避风向阳、空间相对开阔的树冠下，放蜂口朝南。每亩设置2～3个巢箱，巢箱之间的距离在50～80米，每箱放100～150个巢管，管口朝外，两层之间放一硬纸板隔开。

②巢管。可用芦苇或纸做成，管的内径0.5～0.8厘米、管长20～25厘米，一端封闭，一端开口，管口处要平滑，并用绿、红、黄、白4种颜色涂抹（颜色多，壁蜂易择定居），然后按比例（一般5∶2∶2∶1）混合，每60～80支扎1捆，按放蜂量的2～3倍备足巢管，每亩准备巢管300～400支。

③放茧盒。一般长20厘米、宽10厘米、高3厘米，也可用药用的小包装盒。放茧盒放在巢箱内的巢管上，露出2～3厘米，盒内放蜂茧40～50头，盒外口扎2～3个黄豆粒大小孔，以便于出蜂，严禁扒茧取蜂。

（2）放蜂技术

①放蜂时间。应根据树种和花期的不同而定。一般待花开放3%～5%时开始放蜂。蜂茧放在田间后，壁蜂即能陆续咬破壳出巢，7～10天出齐；如果提前将蜂茧由低温贮存条件下取出，在温室下存放2～3天再放到田间，可缩短壁蜂出茧时间。若壁蜂已经破茧，要在傍晚释放，以防壁蜂走失。放蜂期一般在15天左右。

②放蜂方法。将冷藏存放的蜂茧按计划数量放在事先准备好的放茧盒内，再将放茧盒放在巢箱内的巢管上，使放茧盒的小孔向外，待成蜂全部出盒后将盒收回。然后在巢前挖1个深20厘米、口径为40厘米的坑，提供湿润的黄土，土壤以黏土为好，人工及时灌水保湿，供蜂采湿泥筑巢房，确保繁蜂。放蜂数量：盛果期果园每亩放蜂100～150头蜂茧。放蜂后应经常检查，防止各种壁蜂天敌。

（3）蜂种的回收与保存

在果树花期结束时，授粉任务完成，繁蜂即结束，应及时回收巢管，把封口或半封口的巢管50支一捆，放入纱布袋内，挂在通风、干燥、清洁、避光、不生火的空房内存放。2月剥开巢管，取出蜂茧，剔除寄生蜂，然后按500头一组放入玻璃瓶内，用纱布封口，置于冰箱冷藏室（4℃左右）贮存。直到下一年度果树花期时取出，进园释放。回收过程中要轻收、轻放，平放巢管，集中装筐，不受震动地带回家。应挂在干燥、避光的房屋中贮藏，注意防虫、防鼠。

3. 技术图片

蜂　管

巢箱和蜂管放置

营巢用土及蜜源植物

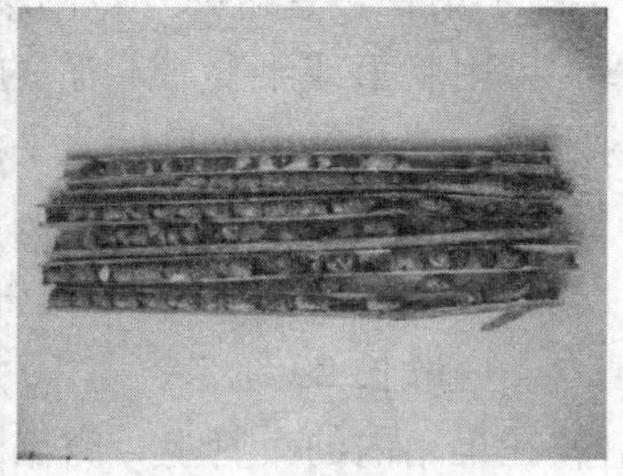

剥蜂茧

4. 技术效果

壁蜂授粉与自然授粉相比，苹果坐果率提高40%以上，效益每亩提高600～1 000元。

5. 适宜地区

适合全国苹果产区。

6. 注意事项

(1) 果园放蜂前10～15天喷1次杀虫杀菌剂，放蜂期间禁喷任何药剂；树干不能用药物涂环；配药的缸（池）用塑料布等覆盖物盖好。

(2) 巢箱支架涂抹沥青等以防蚂蚁、粉虱、粉螨进入巢箱内钻入巢管，占据巢房，危害幼蜂和卵；巢箱前方应无物体遮挡，并严禁在巢箱下地面上撒毒饵。放蜂期间不能移动巢箱及巢管，防止壁蜂不进入巢箱。

(3) 放蜂期间如遇降雨，必须提前准备好大塑料布（袋），把巢箱盖好，停雨后及时解开，以确保壁蜂正常授粉和繁殖幼蜂。

(4) 壁蜂授粉果园要严格疏花疏果。

（撰稿人：李莉、崔秀峰、高文胜、于国合、赵瑞雪、李明丽）

第八节　苹果化学疏花疏果技术

1. 针对问题

针对当前人工疏花疏果费时费工、效率低下且花费不菲等问题。

2. 技术要点

(1) 化学疏花技术

①制剂种类与适宜浓度。石硫合剂：果农熬制的石硫合剂乳油浓度为0.5～1波美度，商品用45%晶体石硫合剂浓度为150～200倍；有机钙制剂：适宜喷施浓度为150～200倍；橄榄油：适宜喷施浓度为30～50克/升。

②时期。盛花初期（即中心花75%～85%开放）时喷第一遍，盛花期（即整株树75%的花开放时）喷第二遍。寒富等腋花芽多的品种可以在盛花末期（即全树95%以上花朵开放时）增喷一次。

③方法。选用雾化性能好的喷雾器，重点对花或幼果部位均匀细致喷雾，背负式喷雾器每亩控制在75～100千克。

(2) 化学疏果技术

①制剂种类与适宜浓度。西维因：适宜浓度为2.0～2.5克/升；萘乙酸：适宜浓度为10～20毫克/升；萘乙酸钠：适宜浓度为30～40毫克/升。

②时期。西维因在盛花后 10 天（中心果直径 0.6 厘米左右）喷第一遍，盛花后 20 天（中心果直径 0.9～1.1 厘米）喷第二遍。萘乙酸和萘乙酸钠在盛花后 15 天（中心果直径 0.8 厘米左右）喷第一遍，盛花后 25 天喷第二遍。

③方法。选用雾化性能好的喷雾器，重点对花或幼果部位均匀细致喷雾，背负式喷雾器喷施量每亩控制在 75～100 千克。

3. 技术图片

化学疏花疏果在富士（左）和嘎拉（右）上的效果

4. 技术效果

在嘎拉、王林、红将军等苹果品种上花朵疏除率可达 76.5%～80.0%，花序疏除率可达 25.4%～28.7%；在红富士上花朵疏除率可达 75.0%以上，花序疏除率可达 21.0%以上，单果重较对照提高 10%～15%。

5. 适宜地区

适于渤海湾、黄土高原、黄河故道等苹果产区应用，适用于生产上主栽品种，但品种间略有差异。

6. 注意事项

首次应用化学疏花疏果时，要进行小规模试验。不同品种对化学疏花疏果剂的敏感程度不同，嘎拉、金帅、王林、美国八号等品种中心花与边花开放时期间隔较长，较低浓度容易疏除边花，浓度可以适当调低；而富士系品种中心花与边花开放时期间隔较短，应用浓度要适当调高，同时注意掌握喷施时期。树势较弱时，应适当降低喷施浓度；树势旺时，可适当调高喷施浓度。药液要随配随用，尤其是石硫合剂等钙制剂不能与其他任何农药混喷。

（撰稿人：薛晓敏、陈汝、王金政）

第九节　黄土高原乔化苹果园间伐改形提质增效技术

1. 针对问题

渭北黄土高原苹果主产区，传统苹果栽培多以乔化栽培为主。许多乔化大龄果园，普遍存在果园郁闭、树冠大、树形紊乱、枝条多、光照恶化、通风不良、病虫害严重、水肥利用率低等问题，造成产量低、果实品质下降、优质果率低。

2. 技术要点

(1) 间伐改形对象

以 10 年生以上、每亩栽植密度 45 株以上的乔化密植富士系果园为改造对象，重点改造每亩留枝量在 8 万条以上、树冠覆盖率超过 90%、株间交接且行间作业带小于 0.5 米的郁闭果园。

(2) 改造原则

从降低栽植密度入手，以间伐为基本措施，调减果园群体枝量；遵循乔砧树生长特点，以培养高光效树形为出发点，改造、优化树体结构；以培养下垂状结果枝组（群）为重点，调节枝组配比与空间分布。

(3) 间伐

依据栽植密度、树龄、树冠大小等因素实行隔行或隔株间伐。可以采取“一次性间伐”和“计划间伐”两种模式。多数成龄密植果园提倡采用“一次性间伐”模式。

(4) 树形选择

选用高干大冠开心形树形。修剪方式要改“控冠”为“扩冠”，改“短截、回缩”修剪为“长放、疏除 ”修剪为主。

(5) 提干

多数密植园树干低矮，“卡脖”现象较普遍，下部通风透光性差。适当去除基部大枝、提升干高，使干高达到目标树形要求的 1～1.5 米，可每年有计划地疏除 1～2 个距地面较近的主枝，最好在 3～4 年完成。

(6) 落头

要求树高不超过行距的 70%，一般控制在 3～4 米。落头分 2～3 次完成，每次选择小主枝或弱枝转换主头，一般树龄较小、树势较旺的树，每次落头要轻，避免引起大量冒条。

(7) 疏大枝

按照目标树形要求，在选留好永久性主枝的基础上，对树干中上部过多、过密的大枝，要逐年、分次去除。一般每年去除 1～2 个大枝为好，首先疏除轮生枝、对生枝和重叠枝，最终保留 3～6 个主枝。

(8) 结果枝组培养

培养形成大量的单轴延伸的下垂状结果枝组或结果枝组群。主枝上每隔 40～60 厘米培养一个大型结果枝组，间隔 20～40 厘米培养一个中小型结果枝组，小枝间隔 10 厘米。结果枝组 3～5 年进行一次更新。

(9) 开张角度

改形过程中，既要保持永久性主枝和其侧枝延长头的生长优势，保证树冠扩张延伸，同时还应注意开张主枝和侧枝的角度，使叶幕层保持良好的光照条件。一般情况下，主枝的基角宜为 70°～80°、腰角宜为 80°～90°、梢角宜为 60°～70°，侧枝的角度应稍大为好，但要保持梢角不低头。

(10) 土壤管理模式

间伐后果园行间距离增大，可实行"行间生草、株间覆盖"的土壤管理模式。配套精细疏花疏果、果实套袋、人工辅助授粉、适期采收等技术措施，以提高果实商品质量与等级。

3. 技术图片

果园间伐

间伐改形效果

4. 技术效果

间伐后栽植株数减少一半，剩留树单株肥水供应量相对提高 1 倍，肥料利用率可提高 15%～20%；树冠透光率达到 20%～30%，果园病虫害减轻，农药使用量可降低 25%～35%；亩产量保持在 2 500～3 000 千克，优质果率达到 85%以上。

5. 适宜地区

适宜于渭北黄土高原苹果产区。

6. 注意事项

(1) 提倡采用"一次性间伐"模式，改形 3～4 年完成。

（2）改形过程中，对剪锯口必须采取保护措施，尤其是对大的伤口要及时进行包扎或药物保护，以促进伤口愈合，减少腐烂病的发生。

（撰稿人：高华、李会科）

第十节　山西苹果园高光效开心树形标准化整形修剪技术

1. 针对问题

山西现有苹果乔化果园进入盛果期以后树冠郁闭和果园郁闭问题逐年加重，引起了果园光照恶化、果实品质下降、经济效益下滑等一系列问题，因此需要采用苹果高光效开心树形技术对上述郁闭果园进行树形改造，并进行标准化整形修剪。

2. 技术要点

乔化郁闭果园经过高光效树形改造后，能够显著提高果实品质，并大幅度延长苹果经济结果寿命（由20～30年延长到50年左右）。由于树形改造周期较长，为了避免操作失误，树形改造的整形修剪需要分阶段进行，循序渐进。下面从培养标准树形模式、主要整形修剪技术和果园动态间伐技术三个方面介绍树形改造的技术要点。

（1）培养标准树形模式

苹果高光效开心树形标准模式的培养通常分为三个阶段，即直立树形阶段、水平叶幕过渡阶段及开心树形阶段。

①直立树形阶段。树龄1～5年生苹果园，主要采用自由纺锤形、疏散分层形或小冠疏层形树形模式，一般全树主干上依次保留10～12个大中型骨干枝，并培养中小型结果枝组。骨干枝通常单轴延伸，结果枝组平均长度20～40厘米。

②水平叶幕过渡阶段。树龄6～12年生苹果园，采用小冠开心树形整形修剪，其间通过提干、落头等整形修剪技术实施，全树保留4～6个主枝，结果枝组长度60～100厘米。

③开心树形阶段。树龄12年生以上的果园，采用高干开心树形整形修剪，其间通过两次提干与落头等整形修剪技术实施，全树保留3个永久性主枝，并进行长抽结果枝修剪（结果枝组长度150厘米左右），构成开心树形水平叶幕的下垂长轴枝结果体系。

通过上述整形修剪技术实施，高光效开心树形的最终树形参数为：树干高度 150～200 厘米（其中山地果园 150～170 厘米，平地果园 180 厘米以上），树高 350～400 厘米，永久性主枝数量 3 个，主枝开张角度 80°～85°，枝展 550～700 厘米（其中山地果园 550 厘米左右，平地果园 600～700 厘米），主枝水平延伸、结果枝自然下垂。

（2）主要整形修剪技术

①分期两次提干。树龄在 6～8 年生时第一次提干，提干高度达到 120～150 厘米。树龄在 13～20 年生时进行第二次提干，达到上述标准干高。

②分期两次落头。树龄在 6～9 年生时第一次落头，把原有树高降低 60～70 厘米。树龄在 15～20 年生时第二次落头，达到上述标准树高。

③选留永久性主枝。在主干上选留 3 个永久性主枝，主枝水平夹角 120°左右，与主干夹角 80°～85°，最低与最高主枝的间距 100～150 厘米。每个主枝为扇形结构，保留 3～5 个侧生结果枝，在侧生结果枝上选留长轴结果枝。

④长轴结果枝修剪与更新。采用甩放、拿枝与疏枝的修剪方法培养长轴结果枝。长轴结果枝组由背上斜生、健壮的营养枝连续甩放培养而成，按照"一年成枝、二年成花、三年结果、四年下垂结果"的过程培养成结果枝。结果枝下垂后采用"疏小留大、疏短留长、疏弱留强"的修剪技术维持长轴结果枝的长势，并连续结果 8～10 年，其后疏除更新，由新的背上枝、结果枝代替。

（3）果园分期间伐技术

进入盛果期后随着苹果树龄的增大树冠体积也在缓慢增加，因此为了保证果园合理的通风透光，并为果园机械辅助作业奠定基础，在苹果高光效树形改造期间需要配合实施两次果园间伐，并按照"培养永久株、控制临时株；先密后稀、动态间伐"的技术路线，逐步减少果园郁闭，延长经济结果寿命。主要技术内容如下。

①第一期果园间伐。在树龄 8～12 年时进行第一期果园间伐。该期间伐采用隔株或隔行间伐方法一次性降低果园密度，使果园平均密度由每亩 50 株左右降低到每亩 25 株左右。丘陵坡地果园树势中庸，第一期间伐一般采用隔株间伐，以获得适宜的果园行间距；肥水较高的平地果园，该期采用隔行间伐能够获得较大的果园行距，有利于果园机械作业。同时，为了缓解株间距离过小问题，需要采用永久株与临时株区分修剪。

间伐后的果园密度：隔株间伐果园株距 500～600 厘米，行距 350～400 厘米；隔行间伐果园行距 700～800 厘米，株距 350～400 厘米。

②第二期间伐。果园树龄 15～20 年期间，随着树龄的增加果园二次郁闭问题出现，需要进行第二期果园间伐。第一期进行隔株间伐的果园第二期进行

隔行间伐；第一期进行隔行间伐的果园第二期进行隔株间伐。间伐之后使果园平均密度由每亩25株左右降低到每亩10～15株。其中丘陵山地果园最终密度为每亩15株左右，平地果园每亩10～13株。

间伐后的果园密度：平地果园株距600～700厘米，行距700～900厘米；海拔800米以上的丘陵果园株距500～600厘米，行距650～800厘米。

3. 技术图片

高光效开心树形标准树形模式

4. 技术效果

苹果高光效树形标准化整形修剪技术实施之后，果园叶幕接受的太阳直接辐射、间接辐射和光合有效辐射总量分别增加17.3%、4.58%、13.07%，化肥用量减少22.8%～40%，苹果树体腐烂病、轮纹病等发病率显著减少，农药减少15.2%～32.8%，果园优质果率达到91.2%，果园经济效益增加19.0%～54.8%。

5. 适宜地区

该技术适宜于山西省中南部苹果主要产区。我国华北、西北、华东、西南类似气候条件的苹果产区也可应用。

6. 注意事项

（1）苹果高光效树形改造技术实施周期较长，其间需要进行两次以提干落头为核心的树形改造与整形修剪，同时伴随两个阶段的果园间伐，因此树形改造需要循序渐进。

（2）苹果高光效树形技术改造期间，每年休眠期疏除1～2个骨干枝或临时性主枝，且每年疏枝总修剪量不超过全树总枝量的30%，否则易引起树体旺长及果园产量波动。

（3）果园分期间伐是高光效树形改造技术的必要环节，果园间伐期间为了减少果园间伐引起的阶段性产量下降，需要根据间伐的进度模式确立永久株与临时株，并采用不同的树形和整形修剪方法。

（撰稿人：牛自勉、蔚露、李志强、王红宁）

第十一节　丘陵旱垣矮化苹果纺锤树形无支撑栽培技术

1. 针对问题

苹果矮化栽培模式在我国中西部高原丘陵半干旱产区先后出现了越冬冻害、早春抽条、树体早衰等问题；同时，由于我国丘陵高原产区梯田较多，地块不整齐，矮化果园建设过程中设立支撑架难度较大，限制了产业发展。

2. 技术要点

矮化苹果纺锤树形无支撑栽培技术就是利用特殊苹果矮化砧木和基砧的固地性优势，在不设立果园支撑架条件下保持树体正常生长发育的栽培技术。该技术能够减少建园成本，也便于树体管理和整形修剪操作，近年来在山西太原、长治等地进行了区域化示范应用，其技术要点如下。

（1）选择苹果矮化砧木及砧穗组合

为了适应山西省及我国黄土高原丘陵半旱作果园的生态环境，选择抗寒抗旱性较强的SH系、SC系、GM系苹果矮化砧木建园。同时，为了增加矮化苗木的固地性，采用矮化中间砧苗木建园的栽培模式，即以根系发达、固地性强的河北怀来八棱海棠做基砧，以上述高抗逆性苹果矮化砧木做中间砧，以富士系、金冠系等苹果乔化品种做嫁接品种，组成抗逆性、固地性优势明显的砧木接穗组合。

（2）培养壮苗大苗

为了促进基砧八棱海棠根系发育，基砧在苗圃栽植时选用一年生实生苗。实生苗要求根系完整，基部粗度6毫米以上，且无检疫性病虫害。当年夏秋季八棱海棠苗70厘米左右时嫁接SH系、SC系苹果矮化砧木。第二年春季苗木萌动后及时除萌，于夏秋季在矮化中砧木苗高100厘米左右时嫁接接穗品种。第三年春季嫁接品种萌动后及时疏除竞争枝，到秋末培养成苗高150厘米左右，有5～10个羽状分枝的标准苹果矮化苗木。

（3）选择树形模式

根据各地气候特点和土壤条件，选择不同类型的纺锤树形为目标树形。在山西省中南部丘陵产区，1～5 年生幼树采用细长纺锤形或自由纺锤形整形修剪，全树沿中心干培养 20～25 个中小型结果枝组。6～20 年生盛果期树可采用疏层纺锤树形整形，并通过轮流疏枝技术周期性轮回枝组更新，全树保留 20 个中大型结果枝组。

（4）主要修剪技术

在 1～5 年生树龄阶段，中心干需要连续短截 2～3 年，同时通过刻芽、拿枝与拉枝相结合的方法培养中小型结果枝组。生长健旺的营养枝每年生长季需要拿枝 3～4 次，并与拉枝相结合使枝组最终开张角度 90°左右。定植第二、三年如果树势生长偏旺，可实施主干环割或多道环割，促进成花结果。6～20 年生的盛果期树，分年度对骨干枝或中大型结果枝疏枝更新，培养新的结果枝；同时对全树中小结果枝疏枝、回缩与缓放修剪，培养健壮的结果枝。

（5）关键配套技术

培肥保水是丘陵半干旱矮化果园的关键配套技术。在 1～5 年生幼树阶段，每年或隔年开沟扩穴施用农家肥或有机肥。为了培肥果园中下层土壤，3 年生果园开沟深度为 50 厘米左右，在施肥沟底层 15 厘米左右铺设半腐熟秸秆层，施肥沟中部用农家肥、有机肥与熟土回填，并通过施肥坑穴接纳夏季雨水。在 6～20 年盛果期果园，除了正常的有机肥施用外，树盘区域需做成集雨带，集雨带比果园地面低 5～10 厘米，并用黑色无纺布覆盖，以兼顾果园集雨保墒，提高树体抗逆性。

3. 技术图片

苹果幼树纺锤树形无支撑栽培（左：SC1 矮化中间砧；右：SH3 矮化中间砧）

4. 技术效果

技术实施后矮化幼树果园和成龄果园在无支架条件下均能够正常直立生长，无倾斜现象，树体开花结果较早，基本实现“一年扩冠、二年结果、三年丰产、四年盛果”的技术经济目标，果园单位面积总氮用量减少41.7%，总磷用量减少30.1%，农药总量减少35%左右，果园经济效益增加21%以上。

5. 适宜地区

适宜于山西省中南部丘陵半干旱苹果产区，包括吕梁山、太行山产区，产地年降水量500毫米左右。也适宜于黄土高原、云贵高原或其他类似气候条件的苹果产区。

6. 注意事项

（1）选择适宜的中间砧木品种是纺锤树形无支撑栽培的基础。SH3、SH5、SC1、SC3等砧木品种做中间砧，与基砧八棱海棠接口平滑，无大小脚现象，同时基砧的根系发育完整，固地性较强，能够支撑纺锤树形不同时期的正常结果负载。同类果园条件下M系、CG系等矮化砧木嫁接树固地性较差，有侧倾现象，需要提供支持系统。

（2）定植后1～3年的整形修剪是树形模式建立和早花早果的关键时期，需要进行精细的促花修剪。生长季整形修剪既要及时拿枝和拉枝，培养结果枝组，也要及时除萌、摘心及环割，缓和树势，促进成花。这一期间如果生长季整形修剪管理粗放，拿枝、拉枝不及时，易导致营养枝徒长加粗，延迟结果，需加以注意。

（撰稿人：蔚露、牛自勉、林琭、李志强）

第十二节　现代矮砧密植苹果园适度规模化高标准建园技术

1. 针对问题

矮砧密植成为我国苹果栽培的主导方向。而现代果业发展涉及栽培、植保、机械和信息等多领域要素配置，其中以生态微域环境良好，适于机械化、信息化等要素应用更是实现简化、高效和优质种植生产的关键。实现多要素的有机融合建园时的合理布局是前提，然而当前相应的规模化建园集成技术相对缺乏，盲目建园后往往由于配置不合理而使得管理难度大、成本高，甚至难以维系。

2. 技术要点

建园时，首先按照“适地适栽”的原则进行选址，遵循机械通行无障碍原则，进行土地整理、确定行距和道路宽度；同一品种集中栽植，以便于目标化管理和提高工作效率。

（1）园址选择

优先选择苹果栽培适宜区，交通便利，有水源，避免重茬；土层厚度不少于60厘米，土质疏松、通透性好，中性或微酸性壤土或沙壤土。为便于经营管理和机械化作业，应尽量选择集中连片土地。

（2）土地整理技术

土层较薄的地区，可以进行客土，使土层厚度达60厘米以上。山地、丘陵地区坡度小于20°的梯田改为坡面，便于机械化管理；平原地区土地应整理成具有一定坡度，以便于排水。根据行距起垄，垄高20～30厘米，上顶宽1.5米，下底宽1.8米。土地整理的过程中，也要规划出种植区域、仓库、生活区等。

（3）定植沟松土与施肥

定植行向以南北向偏西南20°～30°为宜，按设计好的行距，在定植沟附近2米宽地表每亩撒施4～6米^{3}腐熟有机肥，然后在定植沟内用机械松土，松土宽深各60厘米。

（4）道路设计

园区中央设南北主路，路宽4～6米，东西路将南北行向以100～150米间隔分区，路宽4～6米，路面与行间地面高度相近或略低，以便于排水。

（5）灌溉系统

现代化苹果园一般都需要修建蓄水池，蓄水池有几个功能：储备水源直接灌溉，同时还可以在缺水时当作应急水源；缓解水井出水量不足的情况，一般滴灌系统要求水井出水量充足，对于水井出水量较小的情况，可以修建蓄水池改善这种状况；可以解决喷施农药等临时用水问题，方便生产过程中的其他用水需求；对于水中有杂质的水源，蓄水池还可以起到沉淀杂质的功能，减少杂质对滴灌系统的影响。蓄水池的容量以全园一次灌溉量为准，按每亩一次灌水量5～8米^{3}计算。

现代化果园一般采用滴灌系统，滴灌系统是实现现代化果园水肥一体化的载体，不仅节约灌溉用水，提高水肥的利用率，还可以做到肥水的及时供给，有利于果树生长，是果园稳产高产的保障。

建立灌溉系统之前，一定要规划好灌溉小区，一般以50亩左右作为一个灌溉小区，每个小区设立独立控制阀门。

（6）苗木选择

采用大苗建园，高度在1.5米以上，粗度在1.2厘米以上，无过粗主根，有效侧根6条以上，主要根系无明显机械损伤，嫁接口愈合良好，中心干上有均匀分枝。授粉树采用海棠类专用授粉树。

(7) 定植

①栽植株行距。栽植株行距一般为 (1.0～1.5) 米× (3.5～4.0) 米。

②授粉树配置。采用海棠类专用授粉树行内配置，每隔 10～15 米配置一棵授粉树。

③定植时期。苗木定植一般在 3 月下旬至 4 月上旬。

④苗木处理。对苗木撕裂伤根进行整理，并用清水浸泡 12～24 小时。

⑤定植与灌水。在整理好的垄上，预先按株距挖 40 厘米见方的定植穴，将苗木直立在穴的中央部位进行埋土，埋至一半时轻提苗木，使根系舒展，将苗木周围的土踩实，使根系与土壤密接。注意埋土深度与砧木类型有关，M 系自根砧需要将砧木一半埋土，SH 系砧木定植深度保持苗木出圃原位置。栽后随即铺设滴灌管并足量灌水，首次灌水量每亩 10～12 $米^3$。

⑥苗干套膜管保护。为防止苗木过度失水和害虫为害幼芽，定干后及时套膜管保护。

⑦覆盖地布。树行两边各覆盖 1 米左右宽的地布，两幅交叉处用 10 厘米宽、15 厘米脚高的 U 型 8 号铁丝固定，地布行间外缘用土压实。未施基肥的果园，可在覆盖地布前，于垄上撒施有机肥。

(8) 栽杆立架

对矮化自根砧苗木和栽植株距小于 1 米的矮化中间砧苗木，栽后盖地布前及时栽杆立架。一般行内每隔 10～12 米设立水泥柱或钢管，拉四道钢丝。管架一般高 3.5～4.0 米。分别在 0.8 米、2.0 米、3.0 米、4.0 米处各拉一道8～12 号钢丝。

(9) 栽后管理

①灌水。栽后前期每隔 5～7 天滴灌一次，以土壤相对含水量不低于 70%为度。

②病虫防治。注意蚜虫、红蜘蛛以及卷叶虫类、毛虫类等食叶害虫防治。

(10) 人员与机械配备

技术人员、管理人员、拖拉机驾驶员是现代化果园必须配备的人员，固定工人的配置标准为 35 亩果园配备一个固定工人。例如，一个 500 亩的现代化苹果园，需要配置 1 个技术人员、1 个管理人员、15 个固定工人、2～3 个拖拉机驾驶员。

现代化苹果园必然是机械化作业的果园，现代化苹果园需要配备的机械设备有 45～60 马力* 拖拉机，配合大型割草机和大型风送式弥雾机使用；35～

---

* 马力为非法定计量单位，1 马力＝0.735 千瓦。——编者注

45 马力拖拉机，用于悬挂中小型风送式弥雾机和割草机等。

（11）有机肥的使用

依据园地规模应建设匹配的有机液肥生产设备，栽培生产中以有机液肥替代化肥使用，提高果实品质，提升土壤有机质含量。当前我国农业化肥使用过量、利用率低、污染严重，而固态有机肥并不匹配水肥一体化的现代农业发展需求。经高温发酵、过滤的沼液不仅含有丰富的营养元素、氨基酸和活性酶，又是病菌极少的卫生肥料。同时，这些营养元素基本上是以速效养分形式存在，能迅速被作物吸收利用。

结合滴管设施有机液肥的应用不仅使用便捷、自动化程度高而且能够将水肥配比化富集在根区以提高利用率。同时，实现可调控性施用，依据果树生长规律实现“供需吻合”的水肥供给。

3. 技术图片

矮砧密植苹果园适度规模化高标准建园

4. 技术效果

采用该建园集成技术能够使得果园农事操作技术极大简化，用工量减少，机械化通行率达 100%。果园经营效益提高，实现 3 年始果，4 年丰产，6～7 年收回投资，收益期 20 年左右。

5. 适宜地区

该集成技术在河北、山东、陕西、云南、河南及新疆等地应用均取得良好效果，适于我国不同生态类型苹果主产区。

6. 注意事项

建园时应注意本着适地适栽原则进行园址选择，同时应具有足够的资金保障。

（撰稿人：孙建设、张鹤）

第十三节　渤海湾苹果郁闭果园改造技术

1. 区域特点及存在问题

我国20世纪80年代末和90年代发展的苹果园，90%以上采用乔砧密植栽培模式，现正处旺盛果期或盛果后期，绝大多数已经郁闭或严重郁闭，出现枝量偏多、果园密闭现象，造成管理困难、树冠通风透光条件不良、结果部位外移、病虫害发生严重、果品产量和质量水平不高、效益降低等一系列问题。

2. 集成技术及技术要点

（1）群体结构改造与优化技术

①间伐。间伐是解决果园群体郁闭问题的最简单、最根本、最彻底、最有效的技术途径，其作用主要是打开果园的光路和作业通道。根据树龄、栽植密度和果园郁闭程度，密植郁闭园间伐可以采取"一次性间伐"和"计划性间伐"两种模式。实行"一次性间伐"时，也要根据果园地形条件和株行距等实际情况，分别实施"隔行间伐""隔株间伐"和"隔行间株"三种方式。间伐宜从"大年"开始，或在花量较多、树势较稳、间伐后产量和树势波动不大的年份进行。

一次性间伐：主要针对73～111株/亩［株行距（1.5～2）米×3米、（2～3）米×（3～4）米、2米×5米等］高密度初盛果期郁闭果园和树龄13年生以上的中密度盛果期严重郁闭果园。"隔行伐行"：适用于株行距为（2.0～3.0）米×（3.0～3.5）米的初盛果期、高密度、平地和缓坡地郁闭果园。通过隔行伐行，每亩苹果树株数减少一半，行间距加大，原行向保持不变，注意培养主枝向行间延伸，扩大树冠，增加结果面积，尽快恢复产量；5年后，再进行隔株伐株处理，以解决果园后续郁闭问题。"隔株伐株"：适用于株行距为（1.5～2.0）米×（3.5～4.0）米和2米×5米的高、中密度初盛果期、平地和缓坡地郁闭果园。通过隔株伐株，每亩苹果植株数减少一半，注意培养主枝向株间延伸，以扩大树冠，增加结果面积，尽快恢复产量；多数郁密苹果园在隔株伐株后5～8年，还需要进行隔行伐行或隔株伐株处理，将进一步加大株行距，保证果园不会继续发生郁闭。"隔行间株"：适于高密度初盛果期和中密度［株行距为2米×5米、（3～4）米×（3～4）米］盛果期、平地和缓坡地郁闭果园。隔行间株后，每亩植株数减少1/6～1/5，对间伐当年的果实产量影响不大；"隔行间株"改造后，注意培养主枝集中向被伐除植株的空间伸展，经3～5年，将两间伐株之间保留结果的植株伐掉，打开果园通道，进一步改善果园通风透光条件。

延迟间伐：即计划性间伐。适用于树龄 13～15 年生盛果期大树郁闭果园，或中密度［株行距有 3 米×（3～5）米、2 米×5 米、4 米×4 米等］中、重度平地或缓坡地郁闭果园，在 3～5 年内完成。间伐前先进行 2～3 年的准备工作：一是确定永久行（株）和临时行（株）；二是对永久行（株）进行补偿性培养，放大树冠，扩展结果体积，使其尽快发展成为主要产量载体；三是对临时行（株）实行树体控制，逐年压缩树冠体积，使其既不影响永久行（株）的树体发育和树冠扩张，还继续保持结果、有一定经济产量；3 年之后，永久行（株）的树体优化和调整基本完成，树冠发育基本完善，经济产量基本取代了临时行（株）的作用，即可将临时行（株）伐除。

伐劣保优：通过伐劣保优，改善果园群体结构，显著提高树株的整齐度和综合生产能力。适用于山地、梯田盛果期或盛果后期郁闭果园进行群体结构优化改造。

②改形控冠。在间伐（或压缩临时树）的同时，对永久植株的树形进行有效改造和优化，最大限度地提高树体的结构效能，以达到优质高效生产的目的和要求。间伐园树体改形时目标树形的确定，要根据原有植株的基础树形和树体结构特点、间伐后的植株密度（株行距）、立地环境和土壤条件具体确定。

控冠：控冠的对象主要是那些栽植密度很大［如（2～3）米×（3～4）米等］、全园群体密闭严重，已经实施或计划实施间伐（一次性间伐和计划性间伐）的果园。一般要求：冠径小于或等于株距；树冠高度控制在行距的 2/3～3/4；行间枝头间距 100～150 厘米；株间交接率低于 15%。

（2）树体结构优化技术

实施对象是那些栽植密度较小［如株行距（4～5）米×（5～6）米］、郁闭程度较轻或不适宜间伐的果园，采取提干、落头、缩冠、疏枝的方法，调控树形结构、枝叶量和树冠大小也能解决郁闭问题的果园。

①提干。提干也要根据原有树形、目标树形和株行距，循序渐进、分年逐步进行。山地果园小冠疏层形、主干疏层形树体，可以根据实际情况将主干调整到30～50 厘米，提升树冠高度；圆柱形、纺锤形可以逐步将树干抬高至 80～100 厘米；对改造为开心形的果园，主干一般逐步抬高至 100～120 厘米。

②落头。对树冠过高的树要适当落头，以打开树冠的“天光”。落头高度一般控制在 2.5～3.0 米。

③缩冠。主要对主枝延长枝进行回缩修剪，按照先培养、后回缩的办法进行缩冠整形。即在主枝延长枝后部选角度适宜、长势好的枝条，培养为预备

枝，在将主枝延长枝回剪到预备枝分枝处，实现主枝延长枝的回缩与更新，达到缩枝控冠的目的。

④疏枝。疏枝是解决果园密闭的重要途径。疏枝的对象主要有如下6类枝条：二层主枝之间，以及层内过密、过多的主枝、侧枝，打开层间距，疏枝时宜先疏除对生的、轮生的、重叠的主枝和侧枝；中心干上多余的辅养枝、过渡枝、老弱病残枝和萌蘖枝，疏通内膛光路，增加内膛光照，提高内膛叶片的光合效能；树冠外围特别是主枝延长头附近的竞争枝、徒长枝和密生枝；主、侧枝背上的直立枝、萌蘖枝、徒长枝；树冠内膛的细弱枝、病残枝和无效枝；树冠层间、层内的交叉重叠枝。

（3）郁闭园改造后应达到的目标参数

①群体目标参数。亩枝量：冬剪后8万条左右（短枝型品种密植园9万～10万条）。有效叶面积指数：3～4.5（短枝型密植园3.5～4.5）。果园覆盖率：70%～75%。树冠透光率，树冠下光斑面积/树冠投影面积×100%：25%以上。行间梢头距：80～150厘米。株间交接率（株距减行向冠径）/株距×100%：<15%。单位面积产量变幅：（大年－小年）/（大年＋小年）×100%<25%。果实质量：优质果率80%以上，一级果70%以上；全红果60%以上。产量指标：3 000～4 000千克/亩。

②个体目标参数。主干高度：小冠疏层形高度为40～60厘米，圆柱形、纺锤形高度为60～100厘米。主枝角度：小冠疏层形和主枝疏散分层形，基角85°左右，腰角75°左右，梢角70°左右；改良纺锤形、纺锤形、细长纺锤形、圆柱形骨干枝基角90°～110°。主枝层间距：小冠疏层形70～100厘米，纺锤形同侧上下枝垂直距离50～60厘米；枝类组成：长∶中∶短＝1∶2∶7；发育枝比例5%左右；两季枝占长枝总量的1/3左右；一类短枝占总短枝量的40%以上；果枝率：占总枝量的1/3～2/3；枝果比：（3～4）∶1；叶果比：（35～40）∶1；平均坐果间距：20～25厘米。

3. 技术图片

提干＋落头

隔行间伐

隔株间伐

4. 技术效果

较改造前相比，郁闭园改造后能大幅度降低褐斑病、斑点落叶病、锈病、梨小食心虫、桃小食心虫的发生，打药次数减少 2～3 次，每亩施药量减少 33.3%（隔株去株）～50%（隔行去行）；显著增加叶片光合效能，改善通风透光条件，优质果率提高 15%～25%，可溶性固形物含量提高 1.5～3 个单位。

5. 适宜地区

适合全国苹果主产区。

6. 注意事项

在郁闭园改形、疏枝、控冠过程中，对形成的剪锯口必须采取保护措施，特别是对大的伤口要及时进行包扎或药物保护，防止或减少腐烂病的发生。

（撰稿人：薛晓敏、陈汝、王金政）

第十四节　黄土高原苹果老果园改造技术

1. 区域特点及存在问题

黄土高原苹果产区老果园面积占比近 40%，老果园树龄在 20～30 年，以乔化园为主，主要特点是果园郁闭，树势衰弱，产量低、品质差，品种老化，病虫害发生严重，机械进园作业困难，严重影响了果业生产效益。

2. 集成技术及技术要点

（1）对品种落后、效益极低的果园进行高接换头，主要目的是换形换品种。在去头后的主干上接 3～4 根接穗品种（市场前景好的优良品种），待接穗成活后，把 2～3 根弱的枝条桥接到旺枝上，合成一个新的主干，待新主干生长起来后，选择保留目标树形。

（2）对品种较好、效益相对低下的果园主要是进行间伐、提干、落头、疏枝。间伐主要是隔一行或隔两行间伐改造，打开光路和作业通道。提干要求提高主干到 1 米以上，落头控制树体高度在 3 米以内。疏枝主要是疏除旺长枝、轮生枝、背上枝，使树体养分均衡供给。通过提干、落头、疏枝，把树体改造成小冠开心树形。最终通过改造，使果园行距达到 6～8 米，机械作业净空间宽度达到 2～3 米，果园通风透光，机械作业便利。

（3）对于残败、病虫害严重、效益低下的果园，一次性挖除淘汰。

3. 技术图片

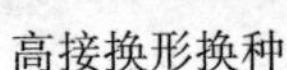

高接换形换种

高接换形换种 2 年的树

高接换形换种 6 年的树

隔行间伐

落头、提干、疏枝后的果园

4. 技术效果

一是克服了大小年现象，产量第一年减少，以后逐年增加并趋于稳定。二是间伐后的宽行距方便弥雾机、采摘机等机械作业，降低劳动力成本。三是改善了通风透光条件。四是减少了树体水分蒸腾，每亩果园蒸腾量减少一半或三分之一。

5. 适宜地区

适宜于黄土高原优质苹果产区。

6. 注意事项

老果园的改造是一个综合性技术过程，不仅要注重间伐改形技术，还要加强配套管理技术的应用。

（1）注重结果枝组的培养

生产实践证明，珠帘式下垂状结果枝组的培养是恢复和提升产量的基础。

（2）加强腐烂病的防治

腐烂病是老果园常见病害。冬季清园时，刮除腐烂病病斑，涂药后再用塑料纸包缠。

（3）配套应用果园种草、覆盖、铺设反光膜等技术

果园树行间秋种油菜，春季翻压还田，增加土壤有机质；果园行间种植三叶草或黑麦草，刈割铺设树盘，改善小气候环境，提高土壤肥力；推广农作物

秸秆覆盖、地膜覆盖及双覆盖技术，保墒提温，增加土壤有机质；果园行间铺设反光膜，使果实着色均匀。

（4）推广应用果园集雨窖及水肥一体化技术

陕西70%左右的苹果园无灌溉条件。

①干旱地区通过修建集雨窖（场），蓄积雨水，补充灌溉。

②示范推广穴施肥水技术。树冠下主干周围挖4～5个施肥穴，干旱时通过穴孔灌入肥水，直接到达根际，作用效果很好。

③在冰雹多发区架设防雹网，防御和减轻灾害损失。

④秸秆粉碎发酵还田技术。实践证明，果树枝条粉碎后堆沤还田，肥田效果很好。

（5）精细的花果管理技术

①推广果实套袋技术。通过推广苹果套袋技术提高果品质量和安全水平。

②壁蜂授粉技术。在果园人工饲养壁峰，通过壁蜂授粉，解决苹果树授粉问题。

（撰稿人：李莉、王苏芳）

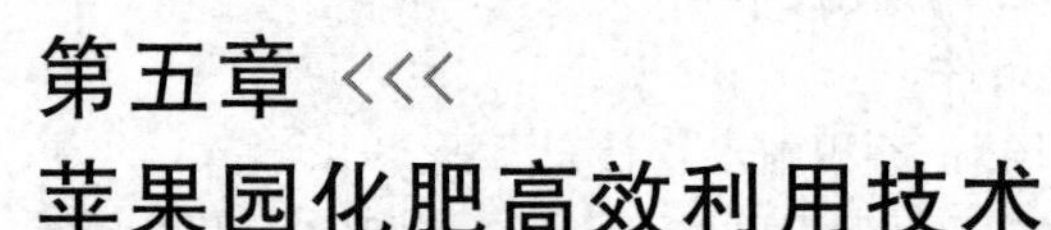

第五章 <<<
苹果园化肥高效利用技术

第一节 苹果园氮肥总量控制、分期调控技术

1. 针对问题

针对传统苹果园春季“一炮轰”施肥，施肥量不够精准，养分供应与树体需求不同步，雨季养分随雨水淋溶损失严重，果树生育后期土壤有效氮不足，叶片早衰，果实商品率降低等问题。

2. 技术要点

（1）施肥数量

根据目标产量确定施氮量。总施氮量为每 1 000 千克产量施纯氮（N）7 千克。

（2）分期调控

秋季采收后：施氮量为氮素总量的 40%；果实套袋前（4 月下旬至 5 月中旬）：施氮量为氮素总量的 20%；花芽分化期（6 月中旬）：施氮量为氮素总量的 15%；膨果期（6 月下旬至 9 月上中旬）：施氮量为氮素总量的 25%，每隔 15～20 天施一次，前期施氮量高，后期施氮量低。

（3）施肥方法

最好采用水肥一体化或简易水肥一体化技术。没有的话采用放射沟状土壤施肥，沟深以 20 厘米为宜。

3. 技术效果

氮肥利用率提高 10%～15%，增产 10%～30%。

4. 适宜地区

适合苹果所有主产区。

5. 注意事项

渤海湾产区次数宜多些。

（撰稿人：姜远茂、葛顺峰）

第二节　落叶前叶面喷肥提高贮藏营养技术

1. 针对问题

针对苹果秋季早落叶或不落叶引起贮藏养分低的问题。

2. 技术要点

（1）时期

在落叶前 20～25 天进行叶面喷肥最佳，一般为 10 月底到 11 月初开始喷第一次，连续喷 3 次，间隔 5～7 天一次。

（2）浓度

第一次喷施尿素浓度为 1%左右，第二次喷施尿素浓度为 2%～3%，第三次喷施尿素浓度为 5%～6%，每次加适量硼砂和硫酸锌等（根据缺素情况定，浓度 0.5%左右）。

3. 技术效果

坐果率提高 15%～55%，增产 10%～50%，氮肥利用率提高10%～15%。

4. 适宜地区

适合苹果所有主产区。

5. 注意事项

尿素选择缩二脲含量低的高品质产品。秋季没有喷施的可在春季萌芽前补喷，浓度 2%～3%。

（撰稿人：姜远茂、葛顺峰）

第三节　旱地苹果园坑施肥水膜技术

1. 针对问题

西北旱地苹果园降水量少，年周期分配不均，无灌溉条件，同时土壤有机质低、板结严重，引起果园土壤理化性状变差，肥力下降，化肥等养分利用效率低。苹果树常年受干旱的影响，果实小、产量低、大小年明显。

2. 技术要点

（1）旱地栽培坑施肥水的准备工作

在两棵树中央挖一个深 60 厘米、长 80 厘米、宽 80 厘米的方坑，并准备大量的秸秆（稔熟的麦草）、果树枝条或秸秆粉碎杀菌的有机质、羊粪等有机肥、苹果专用复合肥，放置在果园附近，购买长度 50 厘米左右、直径为 15 厘米塑料管，并在管上打 1 厘米的孔，共打四排，有 12～16 个孔。

（2）旱地栽培坑施肥水的规范操作

首先在坑内垫一层厚 10 厘米的秸秆，把塑料管放置在坑的中央，四周填入化肥、有机质和有机肥混合物（比例为 0.5 千克复合肥、10 升羊粪等有机肥、10 升有机质和地表土混合），直至将坑填至距地表 15 厘米，填入 10 厘米厚的麦草等秸秆后，用土填平填满，并踏实、踩平。

（3）旱地栽培坑施肥水的覆膜

以塑料管为中心，踩实土壤，修直径为 1 米坑面，使其四面稍高，中间略低，然后将地膜套在坑面上，膜面要拉紧，四周压土盖严，在塑料管中心上方打一个直径为 1 厘米的小孔。

3. 技术图片

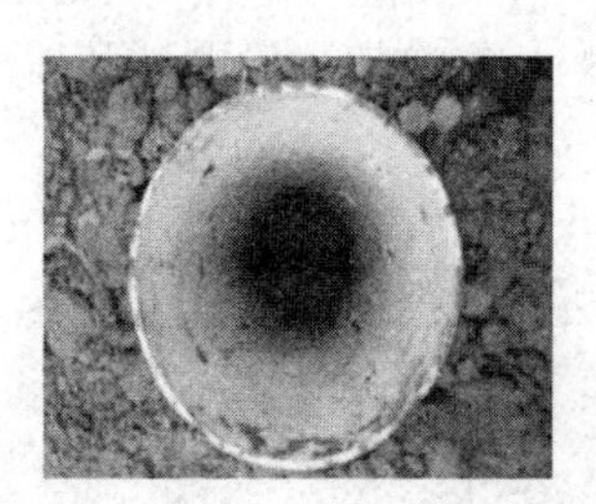

塑料管示意图

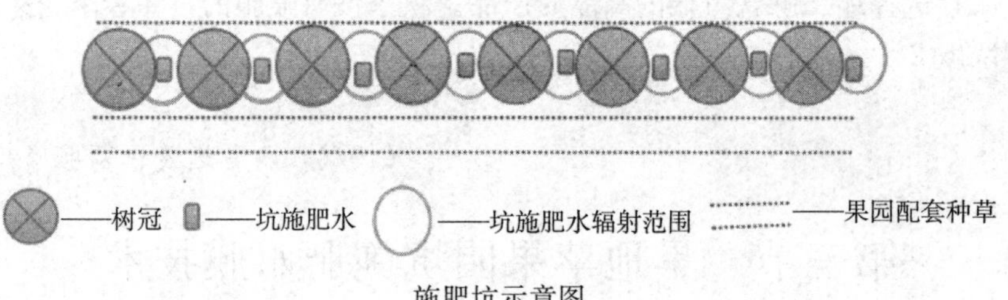

施肥坑示意图

4. 技术效果

使用坑施肥水技术后，施肥坑水分充足，土壤中速效氮、磷、钾及有机质的含量明显提高。果树生长季节的土壤含水量维持在 15%左右，化肥利用率可增加 40%，每亩可增产 500 千克，同时节约施肥成本与劳动力成本。

5. 适宜地区

适合陕北山地苹果产区。

6. 注意事项

（1）膜要厚、耐用且质量好，不易风化的材料较佳，覆膜的面要大、标准要高，一定要避免柴草、淤泥封堵塑料管，管口有隔离网。

（2）膜四周要压严实，防止大风破坏。

（3）如果遇到干旱季节，可以利用水壶向进水管中浇水。

（4）防止进水孔被泥土和杂草堵塞，如有发现，及时清理。

（撰稿人：李明军、邹养军）

第四节　旱地矮化苹果园根域肥水富集带构建技术

1. 针对问题

西北黄土高原苹果产区普遍存在土壤瘠薄、干旱缺水、水肥利用率低等问题，旱地矮化苹果栽培易出现树势衰弱、产量低、果实品质差的问题。解决这些问题的关键是苹果根域局部肥水富集处理，改变土壤理化性质，提高水肥利用率。

2. 技术要点

（1）合理规划栽植密度

旱地矮化苹果栽培栽植密度以（1.2～2）米×（3.5～4）米为宜，每亩栽110～138株。

（2）施肥时间

新建园在8月底完成施肥；成品园在9月中下旬施基肥。

（3）构建肥水富集带

新建矮化果园沿种植行开挖宽70厘米、深70厘米的种植沟。按照土壤与有机肥7∶3或6∶4的比例配置营养土，每亩施入经过腐熟的优质有机肥（羊粪、鸡粪等）5～10米^3，同时根据栽植密度每株加入1.0千克磷肥，与配置的营养土充分混匀后回填到种植沟内。

已建成品果园可在树冠边缘下方开挖宽40厘米、深40厘米的施肥带。每亩施入经过腐熟的优质有机肥（羊粪、鸡粪等）3～5米^3，同时根据亩产量每1 000千克施入复合肥（18-12-18+TE）20千克，与土充分混匀后回填至沟内。

（4）微垄覆膜或园艺地布聚流保水

按标准化建园技术要求栽树，春季栽植，秋季起垄覆膜。垄面以栽植的树干为中线，中间高、两边低，形成开张的“︵”形，垄面以高差5～10厘米为宜，垄面两侧宽度50厘米。垄起好后，平整垄面、拍实土壤，树行两侧覆宽60厘米的黑地膜或园艺地布。覆膜时，要求把地膜拉紧、拉直、无皱纹、紧贴垄面；垄中央两侧地膜边缘以衔接为度，用细土压实；垄两侧地膜边缘埋入土中约5厘米。

(5) 开挖集雨沟

地膜或园艺地布覆好后，在垄面两侧距离地膜边缘3厘米处沿行向开挖修整深、宽各20厘米的集雨沟，要求沟底平直，便于雨水分布均匀。园内地势不平、集雨沟较长时，可每隔2～3株间距在集雨沟内修一横挡。沟内覆杂草或秸秆以保墒增肥。

(6) 覆膜后的追肥

1～3年幼树期，每年追施少量氮肥，适当配合钾肥，$N:K_2O$ 比例为1：1，每株施100克左右，追肥时期在新梢旺长期和果实膨大期进行。

3. 技术图片

开挖种植沟

开挖施肥带

起垄覆膜

4. 技术效果

本技术能有效集蓄降雨、保墒抗旱、缓解需水、提高肥水利用率，操作工序简单、果农容易接受、便于推广应用。该技术针对幼树可减施化肥30%～40%，针对挂果成龄树可减施化肥15%～30%。

5. 适宜地区

在年有效降水量450～560毫米的黄土高原苹果产区（甘肃、陕西），适用该技术。

6. 注意事项

(1) 起垄高度不宜过高，以矮化砧露出地面5～10厘米为宜。

(2) 起垄时垄面要平整，垄面两侧须开挖集雨沟，沟内覆杂草、秸秆以保墒增肥。

（撰稿人：高华、李会科）

第五节　苹果园泵吸式水肥一体化技术

1. 针对问题

对于一般小型果园来说，成套的水肥一体化设备实施过程中耗时耗力，滴灌管首部、尾部的灌溉施肥量差异巨大，每次施肥需要很长的时间，这也是水肥一体化技术在普通小果园农户当中难以推广的一个主要原因。采用溶解、灌溉分离，先溶解肥料，再采用注肥泵直接注入灌溉系统，施肥方法简单、可操作性强、效率高、施肥浓度均一、耗时短，是普通小果园农户运用水肥一体化技术的最佳方式。

2. 技术要点

泵吸式施肥技术操作简单，施肥效率高，施肥浓度均一，浓度可控，是当前果园最佳的施肥方法。该技术采用先溶肥，再把经过过滤的肥液用泵直接注入滴灌管的方法进行施肥。也可修建简易蓄水系统，配备手动或半自动过滤系统和加肥系统，田间主管和支管采用耐压式塑料管，滴灌管采用 PE 硬质毛管，配有迷宫式紊流滴头或者压力补偿滴头，通过动力水泵加压进行滴灌施肥。

水肥一体化施肥量采用亩产 1 000 千克产量水平计算，依照实际产量对应增加各次施肥量即可。施肥时期分为萌芽前（3 月中下旬）、花前（3 月下旬 4 月上旬）、花后 2～4 周（5 月中下旬春梢旺长期）、花后 6～8 周（6 月上中旬春梢、果实停长、花芽分化、套纸袋期）、果实膨大期（7～8 月）、采前（9 月）等几个关键物候期进行施肥灌溉。

山西省水肥一体化推荐施肥灌溉用量表

物候期	灌溉次数	灌溉量[米^3/(亩·次)]	分配比例（%）			纯养分量（千克/亩）			推荐化肥（千克/亩）		
			氮	磷	钾	氮	磷	钾	尿素	磷酸一铵	硫酸钾
萌芽前	1	20	20	20	0	1.00	0.50	0.00	2.07	0.82	0
花前	1	15	10	10	10	0.50	0.25	0.55	1.04	0.41	1.1
花后 2～4 周	1	20	15	10	10	0.75	0.25	0.55	1.58	0.41	1.1
花后 6～8 周	1	20	10	20	20	0.50	0.50	1.10	0.99	0.82	2.2
果实膨大期（7～8 月）	1	10	5	0	10	0.25	0.00	0.55	0.54	0.00	1.1
	1	10	5	0	10	0.25	0.00	0.55	0.54	0.00	1.1
	1	10	5	0	10	0.25	0.00	0.55	0.54	0.00	1.1
采前	1	10	0	0	10	0.00	0.00	0.55	0.00	0.00	1.1
采后	1	15	30	40	20	1.50	1.00	1.10	3.06	1.64	2.2
封冻	1	30									
合计	10	160	100	100	100	5.00	2.50	5.50	10.36	4.10	11

3. 技术图片

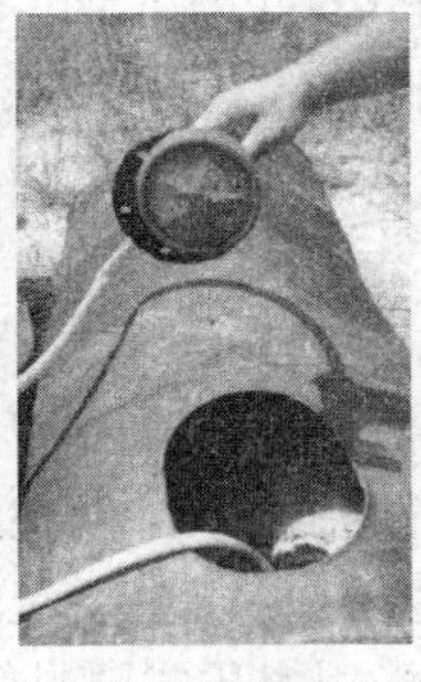

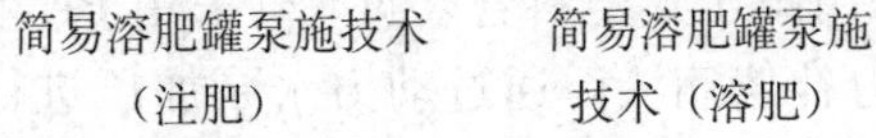

简易溶肥罐泵施技术（注肥）　简易溶肥罐泵施技术（溶肥）　便携式喷雾器施肥

4. 技术效果

化学肥料节省 366 千克/亩，节肥 35.9%，纯养分氮、磷、钾分别减少施用 84.8 千克/亩、87 千克/亩、57 千克/亩，产量增加 634.5 千克/亩，增产 13.1%。

5. 适宜地区

适用于山西省临汾市、运城市常规小型农户果园。

6. 注意事项

（1）选肥必须是可溶性肥料，且溶于水后无沉淀。肥料之间要相容性好，不能出现相互作用而产生沉淀物堵塞滴头或喷头。

（2）肥料溶液注入注肥泵之前必须经过过滤，以免其堵塞管道。

（3）施肥时遵循少量多次、养分平衡的原则。

（撰稿人：李磊）

第六节　苹果园控释肥施用技术

1. 针对问题

当前市场主流新型肥料养分释放模式与苹果需肥规律不匹配、养分比例不协调和缺乏新型肥料增效集成技术模式。

2. 技术要点

（1）秋施基肥

①肥料类型和用量。有机肥：农家肥（羊粪、牛粪等）2 000 千克/亩。

土壤缺锌、硼和钙的果园，施用硫酸锌 1 千克/亩、硼砂 0.5～1.0 千克/亩、硝酸钙 20 千克/亩、硅钙镁肥等酸化土壤调理剂 1 千克/株。采用开沟的方法施入，开沟深度 20～30 厘米，然后通过覆土掩埋，隔年施用。

②施肥时期。3 月中下旬到 10 月中旬，即中熟品种采收后。对于晚熟品种如红富士，建议采收后尽快施肥。

③施肥方法。株（行）间条沟施，沟施时沟宽 30 厘米左右、深 20 厘米左右。施用时要将有机肥、化肥等与土充分混匀。

（2）3 月中下旬一次性施肥

在 3 月中下旬一次性施入控释掺混肥，每株树施入 3 个月控释掺混肥 0.82 千克和 6 个月控释掺混肥 0.82 千克。采用条形沟法施，深度 40 厘米左右。

控释掺混肥：N∶P_2O_5∶K_2O 比例为 20∶10∶20。其中，3 个月和 6 个月的控释掺混肥中全部氮素为包膜氮肥，包膜颗粒中氮含量为 42%。

3. 技术图片

肥料称量

行间开沟

秋施有机肥

春施控释肥

4. 技术效果

在总体化肥施肥量减少 25%的情况下，3 月底一次性按照 3 个月和 6 个月控释期各占 50%比例施用控释掺混肥有利于氮、磷、钾利用率提高，氮利用率达 39%、磷利用率达 24%、钾利用率达 31%，与普通化肥相比，氮、磷、钾利用率分别提高 14.5%、7.4%和 12.2%。

5. 适宜地区

适宜于胶东苹果产区。

6. 注意事项

（1）干旱地区可采取地膜或生草覆盖方式进行保墒。

（2）有灌溉条件的地区建议采用水肥一体化进行施肥，没有灌溉条件的地区可采用移动式施肥枪进行施肥。如果采用水肥一体化技术，化肥用量可酌情减少30%～50%。

（3）该技术与果园起垄、果园生草、壁蜂授粉、下垂果枝修剪等高产优质栽培技术相结合应用。

（撰稿人：程冬冬）

第七节　苹果园肥水膜一体化技术

1. 针对问题

西北黄土高原地区降水量小、年蒸发量大，80%果园属于雨养果园，干旱缺水是该地区苹果优质丰产的主要限制因子；同时，果园土壤有机质含量低，土壤肥力下降，土壤板结，肥料利用率低。因此，针对西北旱区苹果园干旱缺水、肥料利用率低的问题，提出肥水膜一体化技术。

2. 技术要点

（1）覆膜时间

①春季。干旱地区果园，在3月下旬，苹果树树体萌芽前，开沟施肥后，施肥沟内每株果树浇水0.1米^3，回填到低于地面5厘米左右，施肥沟上用宽度为1.2米的黑色地膜覆盖。

②秋季。每年9月下旬至10月上旬，开沟施基肥、浇水（0.1米^3/株）后立即把施肥区域用地膜覆盖，以便将秋季较好的墒情保持到翌年的春季。

（2）地膜选择

覆膜时选择黑色地膜，选择黑色地膜的原因：一是抑制杂草、延长地膜使用期；二是土温日变化幅度小，有机质也处于正常循环状态；三是对萌芽开花物候期没有影响；四是保水能力好。而覆盖白色地膜，可使开花期明显提前，膜下杂草丛生，保水能力弱于黑地膜，膜下5厘米处含水量低，地膜容易穿孔而降低使用期。因此，要根据树冠大小和根系主要吸收区域选用宽1.2～1.5米、厚0.012～0.015毫米，质地均匀并且耐老化的优质黑色地膜。

（3）覆膜方法

①开施肥沟。把树冠下的枝叶、杂草、碎石清理干净，根据树冠大小沿行向开施肥沟，沟深20～25厘米，宽度据行间大小而定，一般为50～80厘米。

②肥水处理。施肥沟内每株浇水100千克，或灌沼液、沼渣25～50千克，

同时补充施用各种肥料，比如缓控释肥和掺混肥等。施肥量要根据树体生长状况和果园土壤养分含量而定，同时用铁锹使土块细碎，平整地面，即可覆膜。

③地膜覆盖。将施肥沟回填到低于地面5厘米左右，施肥沟上覆盖黑色地膜，形成中间低两边略高，地膜上分段挡土、扎眼，以利收集降水并促进下渗。覆膜时，要求把地膜拉紧、拉直、无褶皱、紧贴地面；两侧地膜边缘埋入土中不能小于5厘米，并尽可能垂直压入土中。将地膜拉长3～4米后膜两边立即压土，渐次推进，并且注意保持膜面的清洁，以免影响覆膜的效果。

④行间覆草。果园进行肥水膜一体化后，在行间配合覆盖秸秆、绿肥、杂草或其他有机物质，有培肥地力和保墒的作用，增加了树体各种营养元素的吸收利用，使树体营养物质积累增多，从而协同提高果品的产量和品质。覆盖厚度为15～20厘米，在草被上分段挡土，以防风刮和火灾。

（4）覆膜后的管理

①严禁踩踏。严禁家畜等足蹄锋利的动物在地膜上行走，田间作业时禁止穿高跟鞋，疏花疏果、套袋和果实采收时梯子底部用废旧鞋底绑扎。

②及时修补破洞。如果膜面上发现破洞，立即用细土封闭压实，否则被大风灌入容易撕破地膜，特别在塬面风大的果园更应随时检查膜面。另外，连续使用2年的地膜，进行果树修剪工作时，谨防树枝及其他工具划破地膜。黑膜在管理细致的情况下可保持1～2年再进行更换。

3. 技术效果

肥水膜一体化技术有利于活化土壤养分，提高肥料利用率40%～50%，化肥用量减少30%～50%，节水30%～40%；同时，可提高苹果品质，并实现增产15%～24%。

4. 适宜地区

该技术适用于立地条件、经济条件差及无水源的西北黄土高原地区（甘肃、陕西、山西等）的山地丘陵果园。另外，以渤海湾为代表的浅土层沙质土壤苹果产区同样适用。

5. 注意事项

肥水膜一体化技术应用过程中，容易发生管道堵塞的现象，因此，尽量选择水溶性肥料或溶解性好的肥料，如水源含沙量较高，仅用过滤器降沙不彻底，需要在井旁建立一个沉积池，先将水沉积后再过滤，并且每次灌溉完之后，要清洗过滤器及毛管。在秋施基肥时，要将膜揭开，开沟或者挖穴施肥之后，再将膜进行覆盖。

（撰稿人：王荣莉、安贵阳、李翠英）

第八节　果枝有机肥发酵及施用技术

1. 针对问题

果树每年修剪的枝条不仅造成养分浪费，还因为其连年累积堆放，造成农村环境脏乱差。山西苹果产区土壤碳氮比较低，造成果园土壤质量退化、果品产量品质下降。

2. 技术要点

（1）发酵技术

①场地选择。场地应选择取水容易、交通方便、地势较高、平坦坚实且朝阳的地方，最好选择有硬化地面的场所，以减少氮素淋洗的损失。

②发酵原料选择。发酵原料以动物粪便、果树枝条粉碎物为主，也可添加作物秸秆、杂草、废弃的菌棒、菇渣等有机物料。用粉碎机粉碎或铡草机切断，长度大小5～10毫米为宜。

③条垛大小。条垛的形状为长条形，其横截面可以是梯形或拱形，底部宽1.5～2米、高1～1.5米，长度视原料多少和场地大小而定。

④调整原料碳氮比。堆料中的微生物需要适宜的碳氮比才能生长、繁殖和分泌分解堆肥原料的各种胞外酶，初始发酵前调整物料碳氮比达到25∶1～30∶1为最佳。将果枝粉碎过筛。发酵原料为：果枝40%、牛粪15%、鸡粪30%、尿素8%、硝酸磷肥4%、硫酸钾3%。在发酵原料中加入0.1%的果枝有机肥发酵剂，混合均匀后，将肥料堆成梯形垛进行发酵，发酵25天后，摊晾降温，发酵结束。

注：单纯使用果枝和粪便的混合发酵的最佳比例为（1.5～2）∶1，因考虑生产物料成本和肥料成品的养分含量要求，本试验场采用粪便和果枝比(5～6）∶1，发酵时间较长，但是养分含量较高。动物粪便以猪、牛、羊的粪便干基为主。

⑤调整原料含水量、接种发酵菌剂。粉碎的苹果枝条吸水能力差，在加水时虽然堆料表面已被浸湿，堆料外已有大量的水流出，看上去堆料持水已达饱和，其实水分还未进入堆料颗粒内部，堆料的水分含量尚达不到堆肥的要求。采用机械翻堆、喷水混合均匀，最终的相对含水量要求达到50%～70%，最好能达到60%，以手握成团，水滴悬而不滴，手松即散为标准。发酵剂用水稀释50～100倍，一般总量控制为每千克菌剂发酵1～2吨原料为宜。在机械翻堆时随水喷入即可。

⑥发酵与翻堆。梯形垛堆好后，每4～5天翻堆一次；当温度达到70℃以

上时，应最迟第二天翻堆一次；当温度达到 60℃，3 天内应翻堆一次；整个发酵过程，翻堆应达到 6～8 次。

⑦腐熟鉴别。一般情况下，采用以上程序进行堆肥，堆体内部温度达到 50～60℃ 5～7 天即可使有机物充分降解，最大限度地杀灭各种寄生虫卵、病原菌和杂草种子，使之达到无害化卫生标准，1～2 个月后就可完成腐熟过程。可先从外观上判断其腐熟程度，如堆肥呈褐色，手握湿时柔软而有弹性，干时易破碎，堆肥体积较原堆肥缩小 2/3 左右，这都是充分腐熟的标志。同时，还要测定其物理化学指标，如堆肥温度同外界环境一致，不再有明显的变化，堆肥中淀粉含量应该为 0，pH 为 8～9 等。通过检测符合标准则可施入大田，没有完全腐熟的进行下一轮堆制。

（2）施用技术

果枝有机肥最佳施用方式为旱作穴施、旱作沟施两种局部优化根层施肥方式。两种施肥方式具体操作要点如下。

①旱作穴施。旱作穴施一般分为备管、挖坑、埋坑、覆膜四步。备管：将 110PVC 管截成 50 厘米长度，共 16 根，四周打孔。挖坑：晚秋时，结合果园耕翻、施肥和整修树盘等作业，在树干周围均匀地挖 4～6 个深 40 厘米、长 40 厘米、宽 40 厘米的坑。坑的位置以在较大主枝投影半径上距主干 2/3 处为宜，均匀、对称地分布于树干四周。埋坑：每坑坑底填入约 10 厘米的秸秆，将 PVC 管置于穴中央，在 PVC 管周围施入掺有有机肥和复合肥的秸秆混合物，按照每坑土壤有机质含量提升到 2%的思路，每坑施入 5～6.5 千克果枝有机肥结合秋季基施化肥，直至将坑填至距地表 15 厘米，在秸秆混合物上方填入约 10 厘米深的秸秆，用薄土覆盖，随填踩实，每坑浇水4～5 升（灌水量不宜太多，以免造成养分流失），水下渗后对肥水坑及整个树盘进行整理，使肥水坑低于地面 1～2 厘米，形成漏斗状以利于集雨和施肥浇水。覆膜：在肥水穴上覆盖地膜，选用≥0.08 毫米厚的黑色地膜，要求质地均匀，膜面光亮，耐老性好。膜面约 1.2 米见方，地膜的四周用土压紧，防止水分蒸发。

②旱作沟施。旱作沟施一般分为起垄、覆膜、开沟施肥三步。起垄：秋季在树行两侧起土垄，宽度为树行两侧各外延 1～1.2 米，高度为 15～20 厘米，修整成树行中间略高、两边相对较低的梯形，垄面要整平。覆膜：垄面整理平整后，选用黑色园艺地布进行覆盖，地膜沿树体两侧平铺用土压实两边，同时每隔 1～2 米在膜面用土横压一道防风卷起，铺完后膜面要求平整。开沟施肥：起垄的同时在垄的两边沿垄边顺向开挖深、宽、长为 40 厘米×40 厘米×100 厘米的条沟，在沟内底层铺 5～10 厘米厚秸秆，按照每沟

土壤有机质含量提升到2%的思路：撒施果枝有机肥10～15千克，同时撒施当季定量施用的无机肥，最后在表层添加土壤覆盖。

3. 技术图片

枝条粉碎

掺混畜禽粪便

条垛式发酵

定期翻拌、喷菌、补水

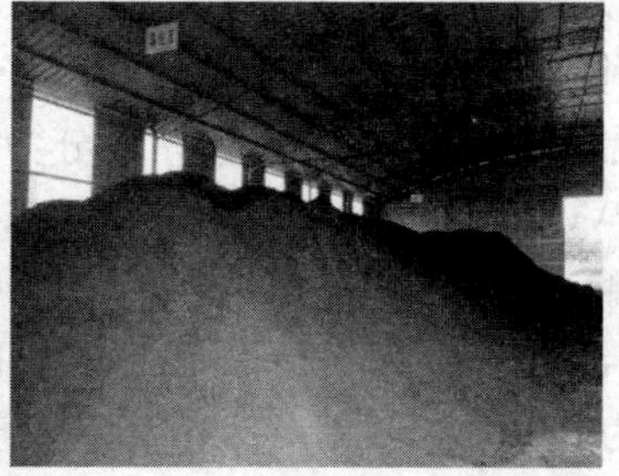

陈化、后熟完成

4. 技术效果

通过施用果枝有机肥，化肥利用率提高15个百分点、化肥施用量减少28%，平均每亩增产6%，每亩增收320元。

5. 适宜地区

适用于山西临汾和运城地区的苹果园，其他区域果园可参照执行。

6. 注意事项

（1）苹果树枝条要经过不少于两次粉碎，尽量铡短，和牛羊粪便尽量混匀。

（2）苹果枝和粪便的掺混比例，要严格按照碳氮比25∶1～30∶1来确定，不同的原料要相应地调整。

（3）堆肥水分应均匀充足，把原料浸润、湿透，堆制到水分不再外流为止。含水量低或水分含量不均匀都会影响发酵，降低堆肥质量。

（撰稿人：李磊）

第九节 苹果园配施生物活性素的化肥减量增效技术

1. 针对问题

果园化肥过量施用导致土壤中有机质含量降低与微生物活动减弱，影响果树正常的生长发育，导致产量降低、品质下降。

2. 技术要点

生物活性素是一类以有机苯丙环为核心的有机物、微生物和矿质元素的复配试剂，施用时间为苹果刚开始萌芽、开花前的时期。具体施用方式：树体两侧进行穴施，深度为 20 厘米，位置在树冠下方向内 10 厘米左右，注意不要伤根，施用时配合浇水，待分散后进行填埋。施用量为成龄结果树 150 克/株，幼龄树 50 克/株。

3. 技术图片

穴施生物活性素配合浇水

4. 技术效果

施用生物活性素后增产 10%～15%，果实硬度和可溶性固形物含量平均提高 5%和 8%，化肥利用率平均提高 20.80%。

5. 适宜地区

适宜于京津地区、西部（陕西、甘肃）地区。

6. 注意事项

施用生物活性素时尽量靠近根部而不伤根；配合浇水施用效果更佳，以防生物活性素活性降低或变质；尽量在萌芽和开花期间进行施用，并且做好配套处理，可使其功效达到最大化。

（撰稿人：韩振海、许雪峰、王忆）

第十节　山东苹果园化肥减量增效技术

1. 区域特点及存在问题

山东省苹果园普遍存在土壤有机质含量低和土壤酸化的问题，导致表层土壤环境不稳定、根系生长受抑制，还造成了肥料有效性变差。果农为了追求高产和大果，化肥施用普遍过量，养分大量损失，影响生态环境安全。而且，化肥的长期过量施用又会造成土壤质量的下降。

2. 集成技术及技术要点

（1）土壤改良技术

①有机肥局部优化施用。增加有机肥用量，特别是生物有机肥、添加腐殖酸的有机肥以及传统堆肥和沼液/沼渣类有机肥料。

早熟品种或土壤较肥沃或树龄小或树势强的果园施农家肥 3～4 米^3/亩或生物有机肥 300 千克/亩；晚熟品种或土壤瘠薄或树龄大或树势弱的果园施农家肥 4～5 米^3/亩或生物有机肥 350 千克/亩。在 9 月中旬到 10 月中旬施用（晚熟品种采果后尽早施用），施肥方法采用穴施或条沟施进行局部集中施用，穴或条沟深度 40 厘米左右，乔砧大树每株树 3～4 个（条），矮砧密植果园在树行两侧开条沟施用。

②果园生草。采用“行内清耕或覆盖、行间自然生草/人工生草＋刈割”的管理模式，行内保持清耕或覆盖园艺地布、作物秸秆等物料，行间进行人工生草或自然生草。

人工生草：在果树行间种植鼠茅草、黑麦草、高羊茅、长柔毛野豌豆等商业草种，也可种植当地常见的单子叶乡土草（如马唐、稗、光头稗、狗尾草等）。秋季或春季，选择土壤墒情适宜时（土壤相对含水量为 65%～85%），以撒播形式播种。播种后适当覆土镇压，有条件的可以喷水、覆盖保墒。

自然生草：选留稗类、马唐等浅根系禾本科乡土草种，适时拔除豚草、苋菜、藜、苘麻、葎草等深根系高大恶性草，连年进行。

生长季节对草适时刈割（鼠茅草和长柔毛野豌豆不刈割），留茬高度 20 厘米左右；雨水丰富时适当矮留茬，干旱时适当高留，每年刈割 3～5 次，雨季后期停止刈割。刈割下来的草覆在树盘上。

③酸化土壤改良。在增施有机肥的同时，施用生石灰、贝壳粉类碱性（弱碱性）土壤调理剂或钙镁磷肥进行酸化改良。具体用量根据土壤酸化程度和土壤质地而异。微酸性土（pH 为 6.0）：沙土、壤土、黏土施用量分别为 50 千克/亩、50～75 千克/亩、75 千克/亩；酸性土（pH 为 5.0～6.0）：沙土、壤

土、黏土施用量分别为50～75千克/亩、75～100千克/亩、100～125千克/亩；强酸性土（pH＜5）：沙土、壤土、黏土施用量分别为100～150千克/亩、150～200千克/亩、200～250千克/亩。生石灰要经过粉碎，粒径小于0.25毫米。冬、春季施用为好，施用时果树叶片应该干爽，不挂露水。将生石灰撒施于树盘地表，通过耕耙、翻土，使其与土壤充分混合，施入后应立即灌水。生石灰隔年施用。商品类土壤调理剂的用法用量参照产品说明。

（2）精准高效施肥技术

①根据产量水平确定施肥量。根据目标产量（近3年平均产量乘以1.2）确定肥料用量和比例。

亩产4 500千克以上的苹果园：施用农家肥4～5米^3/亩＋生物有机肥350千克/亩，氮肥（N）15～25千克/亩，磷肥（P_2O_5）7.5～12.5千克/亩，钾肥（K_2O）15～25千克/亩。

亩产3 500～4 500千克的苹果园：施用农家肥4～5米^3/亩＋生物有机肥350千克/亩，氮肥（N）10～20千克/亩，磷肥（P_2O_5）5～10千克/亩，钾肥（K_2O）10～20千克/亩。

亩产3 500千克以下的苹果园：施用农家肥3～4米^3/亩＋生物有机肥300千克/亩，氮肥（N）10～15千克/亩，磷肥（P_2O_5）5～10千克/亩，钾肥（K_2O）10～15千克/亩。

中微量元素肥料：建议盛果期果园施用硅钙镁钾肥80～100千克/亩；土壤缺锌、铁和硼的果园，相应施用硫酸锌1～1.5千克/亩、硫酸亚铁1.5～3千克/亩和硼砂0.5～1.0千克/亩。

②根据土壤肥力、树势、品种调整施肥量。早熟品种或土壤较肥沃或树龄小或树势强的果园建议适当减少肥料用量10%～20%；土壤瘠薄或树龄大或树势弱的果园建议适当增加肥料用量10%～20%。

③根据树体生长规律进行分期调控施肥。肥料分3～4次施用（早熟品种3次，晚熟品种4次）。

第一次在9月中旬到10月中旬（晚熟品种采果后尽早施用），全部的有机肥、硅钙镁肥等中微量元素肥和50%左右的氮肥、50%左右的磷肥、40%左右的钾肥在此期施入。施肥方法采用穴施或沟施，穴或沟深度40厘米左右，每株树3～4个（条）。

第二次在翌年4月中旬，30%左右的氮肥、30%左右的磷肥、20%左右的钾肥在此期施入，同时每亩施入15～20千克氧化钙。

第三次在翌年6月初果实套袋前后进行，10%左右的氮肥、10%左右的磷肥、20%左右的钾肥在此期施入。

第四次在翌年7月下旬到8月中旬，根据降雨、树势和果实发育情况采取少量多次、前多后少的方法进行，10%左右的氮肥、10%左右的磷肥、20%左右的钾肥在此期施入。

第二至四次施肥方法采用放射沟施或条沟施，深度20厘米左右，每株树4～6条沟。

④中微量元素叶面喷肥技术。落叶前喷施浓度为1%～7%的尿素、1%～6%的硫酸锌和0.5%～2%硼砂，可连续喷2～3次，每隔7天喷1次，浓度前低后高；开花期喷施浓度为0.3%～0.4%的硼砂，可连续喷2次；缺铁果园新梢旺长期喷施浓度为0.1%～0.2%的柠檬酸铁，可连续喷2～3次；果实套袋前喷施浓度为0.3%～0.4%的硼砂和0.2%～0.5%的硝酸钙，可连续喷3次。

3. 技术效果

显著改善苹果园耕层土壤理化性状，促进土壤有机质含量持续提高，节约氮肥30%左右，节约磷肥25%左右，优质果率提高15%左右，增产8%～15%，每亩节本增效800～1 500元，节肥增效效果显著。

4. 适宜区域

适宜于山东苹果产区。

5. 注意事项

（1）定期进行土壤和叶片养分分析，根据果园土壤养分和树体营养状况，调整施肥方案。

（2）有灌溉条件的地区建议采用水肥一体化进行施肥，没有灌溉条件的地区可采用移动式施肥枪进行施肥。如果采用水肥一体化技术，化肥用量可酌情减少20%～30%。

（3）该技术与果园覆盖、壁蜂授粉、下垂果枝修剪等高产优质栽培技术相结合应用。

（撰稿人：葛顺峰、姜远茂、傅国海、马荣辉）

第十一节　河北矮砧密植苹果园化肥减量增效技术

1. 区域特点及存在问题

河北省矮砧密植集约种植方式苹果园土壤肥力低，因技术力量薄弱而普遍肥水管理粗放，幼龄园放任、成龄园严重偏倚，重化肥轻有机肥，养分投入量及其比例、施肥时期与苹果养分需求匹配差，缺乏有效的水肥管理措施。

2. 集成技术及技术要点

（1）技术概述

针对矮砧密植苹果园肥水管理粗放、投入与需求耦合度差等突出问题，提出基于目标产量、养分与水分需求规律，确定灌溉与施肥量、养分投入比例及其匹配时期，并结合土壤养分状况适当微调，兼顾有机肥与化肥的配合，适度增施微生物肥料，集成资源节约绿色高效周年水肥管理技术。本技术强调萌芽水、冻水透灌，其他时期保证每次灌水土壤湿润在40～50厘米；苹果生长前期与采收后以平衡肥为主，并补充微生物菌剂，果实发育期增加钾素供应；秋季开沟基施有机肥，建议隔年施用；依据土壤养分状况针对性地补充中微量元素。

（2）技术要点

①萌芽前。浇透水，以湿润深度60～70厘米为宜；随水每亩施用水溶肥（20-20-20）10千克、硝酸铵钙10千克，每亩施用微生物菌剂（如根宝贝）2.5升。

②花期。花前与花后各浇水一次，以湿润深度40～50厘米为宜；花前每亩施水溶肥（20-20-20）5千克、腐殖酸有机营养液体肥1桶。随药喷施硼肥。

③幼果期。浇水2～3次预防皴裂，湿润深度40厘米，第一次浇水每亩施用水溶肥（20-20-20）5千克；叶面喷施有机钙或螯合钙溶液。

④果实发育与套袋。根据土壤墒情和降水情况，补水2～3次，湿润深度40厘米；每亩施水溶肥（16-8-34）10千克，分2次施入；每亩施用微生物菌剂（如根宝贝）2.5升。

⑤膨果期。根据土壤墒情和降水情况，补浇2～3次，湿润深度40厘米；每亩施水溶肥（16-8-34）10千克，分2次施入。

⑥着色期。根据天气情况补水1～2次；喷施0.4%的磷酸二氢钾溶液；在着色中期每亩施水溶肥（16-8-34）8千克。

⑦成熟期至采收。每亩施水溶肥（20-20-20）15千克，分2次施入；采收后接近落叶，间隔一周，连续3次喷施尿素溶液，浓度分别为2%、3%、5%，第一次加施硫酸锌和少量硼砂；开沟每亩施有机肥1 000千克，可3年进行一次。

⑧落叶休眠。冻水浇透，以湿润深度达70～80厘米为宜。

3. 技术效果

化肥减施10%～15%，灌水量减少20%～25%，肥料利用效率提高10%～15%，糖度提高5%～8%，维生素C含量提高约8%。

4. 适宜地区

适宜于河北矮砧密植苹果种植区。

5. 注意事项

(1) 水肥减施增效技术应与病虫害防治技术密切配合。

(2) 有机肥开沟施用困难的园区，建议随水施用有机液态肥。

(3) 本技术以亩产 2 000 千克为参考，各地可依据目标产量、土壤养分水平进行调整。

(撰稿人：张丽娟、文宏达、王琛)

第十二节　河北乔砧苹果园化肥减量增效技术

1. 区域特点及存在问题

河北乔砧苹果多以一家一户种植为主，规模小，有机肥投入偏低，土壤有机质含量较低，化肥养分投入高，但产量不高 (2 000～2 500 千克/亩)，果园管理以清耕为主，果园土壤紧实、物理性状差。

2. 集成技术及技术要点

乔砧苹果新建园时要求集中连片、地势平坦、土质良好。现有果园由于受地形地貌、传统种植习惯影响，有些存在着地块面积较小、地势不平、山丘区土层浅薄等问题。因此，通过集成土壤管理改良技术、节水灌溉技术和高效施肥技术等，构建形成了河北省乔砧苹果水肥减量增效集成技术体系。

(1) 土壤管理技术

园地土层深度要在 60 厘米以上，土质疏松，通透性好，以中性或微酸性的壤土或沙壤土为宜。若存在土层较薄、质地较粗或较黏重、土壤偏酸等问题的果园，需要进行土壤改良，以形成持续稳产高产的土壤基础。

①土壤改良及管理的原则。增施有机肥，以“稳”为核心，增加土壤水、肥、气、热因子的稳定性。以局部改良为主，逐渐实现全园改良。研究发现，果树根系处在适宜的土壤条件下，生长好、功能强，即可满足地上部的养分需要 (根冠比约为 1∶3)。培育管理好土壤上层 (0～50 厘米)，使下层通透。

②土壤改良及管理的具体措施。土壤酸度的调节：苹果园适宜土壤为中性或微酸性。土壤过酸时可加入磷肥、适量石灰，或种植碱性绿肥作物如肥田萝卜、紫云英、金光菊、豇豆、蚕豆、二月兰、大米草、毛叶苕子、油菜等来调节。在 pH 为 5 左右的偏酸条件下，可以每年施用生石灰 80～100 千克/亩，均匀撒施在果树行内和行间，然后翻土混匀。配合覆草或覆秸秆，增施有机肥等措施，逐年改良偏酸土壤，一般 2～3 年可改良到中性环境。

客土法改良不良质地：对于0～30厘米土层土壤偏沙（沙土）或偏黏（黏土）的质地状况，采用客沙压黏或客黏压沙技术，在0～30厘米土层内沙黏掺混比为3∶7，可形成良好壤质土。将客沙土或客黏土约45 000千克/亩覆盖在园地土表，结合全园撒施有机肥，进行旋耕，使沙、黏土和有机肥混合均匀。

果园覆盖和生草：在果树行内覆草或秸秆，行间采用人工生草法或自然生草法，形成草被覆盖层，定期刈割（保留30厘米高度，割下来的草覆盖在行内树下和行间），起到降低土壤温度、增加土壤有机质、减弱水土流失和保持土壤墒情的作用。在清耕果园覆草，一般在麦收后进行，要先整好树盘，浇一遍水，如果草未经初步腐熟，则追一遍速效氮肥再覆草。覆草厚度要求常年保持在15～20厘米为宜，不低于15厘米，否则起不到保湿消灭杂草的效果。麦收后、秋收后都可覆草，成龄密植园可以全园覆盖，幼树园或草源不足时可以行内覆草或只覆树盘。覆草或秸秆下注意防风、防火，关注覆草与病虫害发生危害的关系，在黏土地、平原地要防涝，当出现黄叶时要喷尿素溶液，覆草最好连年进行。

种植绿肥或生草，可选择的品种有苜蓿、田菁、豌豆、白三叶草、早熟禾、黑麦草、小油菜、鼠茅草等。自然生草的野草种类很多，如马唐、虎尾草、狗尾草、车前草、蒲公英、荠菜、马齿苋、野苜蓿等，及时拔除曼陀罗、苘麻、藜、刺儿菜、反枝苋等恶性杂草。

（2）节水灌溉技术

苹果园周年需浇两次透水，一是萌芽水，二是封冻水。这两次透水的灌水量为60米^3/亩；5～8月根据降雨进行小水浇灌，灌水量30～40米^3/亩，雨季注意排水。套袋果园，摘袋前7天浇水，摘袋后不浇水。11月下旬落叶后浇封冻水。果园全年灌溉水量240～300米^3/亩，较传统漫灌方式节水20%～25%。

采用沟灌或单侧交替沟灌、分区灌溉、浅沟台畦地面灌溉等灌溉方式。

行间沟灌就是在果树行间、树冠边缘垂直向下处开沟，深20～25厘米，灌后并待水渗入土壤中再把沟填平；轮状沟灌适用幼树，即在树冠外缘开一环状沟，并与行间的通沟相连，灌水时由通沟流入各环状沟内；单侧交替沟灌，顺行向在外围延长枝垂直向下30～50厘米内侧做宽、深分别为30厘米的灌水沟，灌溉时使用单侧水沟，下次使用另一侧水沟，灌水量为每次灌水40～50米^3/亩，灌溉4～6次，较传统漫灌节水60～100米^3/亩；分区灌溉以树为单位做成长方形或正方形的畦埂，埂高15～20厘米，灌水时使水满畦即可。

浅沟台畦灌溉时，与施肥相结合，先将配方肥的一半满园撒施，然后顺行向在行间中心线两侧相距 40～60 厘米做两条沟，深、宽各 20 厘米，与其垂直，在每两株之间做一横沟，顺树行做一土埂，行中间做一土埂，挖沟时将土撒于树盘，将肥料覆盖，所剩的另一半肥料撒于沟内，最后用铁耙将每个树盘都搂成煎饼锅状，树在高处，向外渐低，树的根颈处高于地面 15～20 厘米，浅沟的底部低于地面 15～20 厘米。

(3) 苹果园减量增效施肥技术

①基肥。8 月底之后秋施基肥。根据目标产量，施用充分腐熟的有机肥 500～1 000 千克/亩、复合肥（15-15-15）40～60 千克/亩、微量元素肥（含锌、铁、硼、钼等）10～15 千克/亩、生物有机肥 100～200 千克/亩，开沟施肥，沟深30～40 厘米，有机肥、化肥分层与土混匀施入，最后覆土填平。

②追肥。3 月底前利用清园全树喷施 5%硫酸锌预防小叶病；4 月上旬花前喷施 0.1%的硼酸溶液；落花后七天到套袋前喷 1 000 倍糖醇钙 3～4 次。

5 月 25 日至 6 月 20 日，春梢停长。追硫基复合肥（16-8-21）40～60 千克/亩、中微量元素肥 10～15 千克/亩、生物有机肥 100 千克/亩、土壤调理剂（聚丙烯酸铵，PAM）1 千克。开沟施肥，沟深 20 厘米左右。

7 月 10 日至 8 月 15 日，追高钾复合肥（18-4-22）40～60 千克/亩、土壤调理剂 1 千克/亩，开浅沟施用，与土混匀。套袋后至采果前，叶面交替喷施 800 倍的中微量元素肥、水溶性黄腐酸钾 3～4 次。

8 月底之后秋施基肥，早熟苹果采果后、晚熟苹果采果前进行。采果后至落叶前，全树喷施 2%～5%的尿素溶液 2～4 次。

3. 技术效果

化肥施用量减量 25%～30%，节水 20%～25%，土壤有机质含量提高 5%～12%，苹果增产 10%～20%，糖度可提高 3%～5%，维生素 C 含量提高 6%～10%。

4. 适宜地区

适宜于河北省低山丘陵区、旱作种植区和平原地区。

5. 注意事项

(1) 乔砧苹果水肥减量增效集成技术应与优良乔化品种、科学栽培与修剪技术、病虫害绿色综合防治技术等密切配合。

(2) 本技术以亩产 2 500～3 500 千克为例，具体施肥量依据目标产量和土壤养分状况调整。

（撰稿人：文宏达、张丽娟）

第十三节　陕西山地苹果园化肥减量增效技术

1. 区域特点及存在问题

陕北山地苹果地处旱区，缺乏灌溉条件，绝大多数果园属于雨养果园，干旱缺水严重，影响肥料利用率。长期不进行深翻改土，不施或少施有机肥，不重视肥料的合理搭配等多方面原因，导致果园土壤板结严重、理化性状变差、肥力下降且土壤碱化严重，pH多在8.0以上。因此，改良土壤和提高肥水利用效率是促进山地苹果提升土壤质量、实现化肥减施增效的根本途径。

2. 集成技术及技术要点

“基于集雨保墒依水调肥，重在改良土壤提升地力”的山地苹果化肥减施增效技术模式，集成了有机肥替代化肥、生物培肥、坑施肥水、覆盖保墒、窖集雨水、碱土调理等关键技术，可充分利用有限水资源，提高肥水利用效率，提升地力，减少化肥使用量，从而实现果园“化肥零增长”和果业提质增效的双重目标。

(1) 有机肥替代化肥

9月中旬至10月中旬采果前后施基肥，越早越好。采用沟施或穴施，深度30～40厘米。每亩施3～4米^{3}牛粪、羊粪、猪粪等经过充分腐熟的农家肥，或商品有机肥300～400千克，生物菌肥100～200千克，可有效增加土壤有机质含量，改良土壤，提升土壤肥力。同时，配施适量复合肥，每亩施氮、磷、钾平衡型复合肥20～40千克。

(2) 生物培肥

实施果园生草（自然生草或种植三叶草、鼠茅草等），或种植绿肥（长毛野豌豆、豆菜轮茬、油菜等），采用条播或撒播均可。三叶草可春播和秋播，春播于4月下旬至5月上旬进行，秋播于8月下旬至9月上旬进行，每亩播种量1～1.5千克，当草过高时刈割覆盖地面，之后随植物体腐烂其养分进入土壤中。鼠茅草耐寒但不耐高温，适宜播种期为9月初至10月中旬，每亩播种量1.0～1.5千克。豆菜轮茬方法：5月下旬至6月中旬，行间播种黄豆，每亩播量4～5千克，于结荚前割除覆盖于树盘；8月上旬至8月中旬，播种油菜，宜选择甘蓝型油菜，如秦优7号、秦优10号、陕油2013等，每亩用量0.3～0.5千克，冬季自然冻死后覆盖于地面，随植物体腐烂直接还田，培肥土壤。每年在秋施基肥和追肥时，施2次微生物菌肥，每亩100～200千克，增加土壤有益微生物，调节土壤生物环境，有利于土壤养分活化和吸收。

(3) 坑施肥水

在两株树中央挖一个深60厘米、长80厘米、宽80厘米的方坑，填满大量的秸秆、果树枝条或有机肥，中央放置一个直径15厘米左右的塑料管，管顶打数孔，修直径为1米坑面，用地布覆盖，利于局部集雨。苹果追肥期，在塑料管处通过施肥枪施入水溶肥2次，以及每亩施沼渣沼液1 000～2 000千克，可有效实现改土养根，提高肥料利用率，并减少化肥的施用量。

(4) 覆盖保墒

山地果园干旱缺水，采用园艺地布或塑料膜覆盖果园，利于土壤持水保墒，实现依水调肥，促进水肥利用，并且具有增温的作用，还能抑制杂草生长。通常，于秋季或春季，在树盘下两侧用优质耐用的黑色园艺地布或黑色塑料膜进行地面覆盖，覆盖带宽1.0～1.2米。覆膜之前，先整理树两边的畦面，形成中间高、两侧低的凸形畦面，畦面高出地面10～15厘米，凸形畦面两侧边缘形成深10厘米左右的集雨沟，利于雨季积存雨水。铺设时要将地布或塑料膜拉直铺展，交接处和四周用土压实，园艺地布可用地钉或铁丝固定。注意地布或塑料膜要距离主干15～20厘米，空隙用土压实。

(5) 窖集雨水

在果园地头地势相对较低处，修筑1～2个积雨窖，容积以10～30米^{3}为宜，用于蓄积雨水。旱季时，将雨水用于果树局部补水，从而有效缓解旱情，并起到水肥融合促进养分吸收的效果。挖土坑时，窖体以圆形为宜，深3～4米，中间直径最大处3～4米，向下逐步缩小，到底部时直径2～3米；若为方形集雨窖，则需用盖板封顶。窖内壁和窖底均用水泥砌好。窖面用水泥浇筑，坡向向内倾斜5°，形成中间凹四周略高的形状，直径2～3米，作为集雨平台。窖口在窖面中心位置，直径30～40厘米，并高出窖面10厘米，浇筑前预埋进水管4根。

(6) 碱土调理

每年在树盘内地面施入碱性土壤改良剂或土壤调理剂（黄腐酸钾、沃丰隆、施地佳等），每次每亩施5千克，全年2～3次，随后旋耕使调理剂进入土壤，可降低土壤pH，活化土壤养分，促进养分的吸收。

3. 技术效果

化肥施用量减少25%，并且实现了雨季集雨、旱季灌溉的目的，很大程度上解决了果树旱季的需水问题。果树树势健壮，抗逆抗病能力增强。

4. 适宜地区

适用于旱区山地果园，以及陕西、甘肃、宁夏等干旱缺水、土壤瘠薄、碱化的苹果产区。

5. 注意事项

土壤酸碱度不同，所使用的土壤调理剂就不同。因此，在选择土壤调理剂的时候一定要提前对果园土壤的酸碱性做一些检测，要选择购买和使用碱性土壤调理剂或改良剂。秋季时，碱土调理剂可以和底肥、生物肥、有机肥等一起铺底撒施，然后翻地；追肥时可以撒施或者结合肥水一体化系统进行施用，但是采用撒施方法的果园需要翻地，让调理剂进入土壤中，不要只是撒施于地面，否则会影响调理剂的使用效果。

（撰稿人：李翠英）

第十四节　渭北黄土高原乔砧苹果园化肥减量增效技术

1. 区域特点及存在问题

渭北黄土高原苹果主产区土壤贫瘠、有机质含量低、干旱缺水。传统苹果栽培多以乔化栽培为主，许多乔化大龄果园，普遍存在果园郁闭、树冠大、树形紊乱、枝量多、光照恶化、通风不良、病虫害严重、水肥利用率低等问题，造成产量低、果实品质下降、优质果率低。

2. 集成技术及技术要点

立足陕西苹果产区生态条件和生产特点，分析评价陕西苹果养分管理技术增产增效潜力，结合前期研究基础和生产实际，集成了具有陕西区域特色的乔砧苹果园化肥减施增效技术模式，主要技术内容为“果园间伐改形＋秋施基肥＋夏季追肥＋地膜微垄覆盖＋人工辅助授粉”。

（1）苹果园间伐改形技术

以10年生以上、每亩栽植密度45株以上的乔化密植富士系果园为改造对象，从降低栽植密度入手，以间伐为基本措施，调减果园群体枝量，降低果园生产管理成本，达到节肥节水、提质增效的目的。主要技术措施有隔行或隔株间伐，选用大冠开心形树形，按标准树形要求逐年进行提干、落头、疏大枝，培养单轴延伸的下垂状结果枝组或结果枝组群，开张主枝和侧枝的角度，使叶幕层保持良好的光照条件，减少病虫害。

（2）秋施基肥技术

盛果期成龄果园，以3 000千克/亩为目标产量，在9月中下旬，施入经腐熟的优质农家肥（羊粪、鸡粪、猪粪等），每亩用量为5～10米^3，同时施入微生物菌肥50千克、48%苹果专用配方肥（18-12-18）80千克，以及中微量元素肥10千克。放射状或条状沟施，沟宽、深各40厘米。

（3）夏季追肥技术

第一次膨果肥于果实套袋后施入，养分含量为45%（18-15-12），每1 000千克产量用20千克；第二次膨果肥于7月下旬施入，养分含量为45%（15-5-25），每1 000千克产量用20千克左右。在树冠外围沿地膜边缘条状沟施，沟宽、深各40厘米。

（4）地膜微垄覆盖技术

干旱少雨是渭北地区苹果园优质高效生产与可持续发展的主要限制因素之一。地膜微垄覆盖能有效集蓄降雨、保墒抗旱、缓解需水，有显著的增产和提质效果。

覆膜时间为秋末冬初和春季顶凌覆膜，地膜选择多为厚度0.012毫米的黑色地膜，要求质地均匀，膜面光亮，耐老化性好。也可选用园艺地布覆盖。覆膜前，根据树冠大小和选择的地膜宽度划定起垄线，起垄线与行向平行。按照起垄线沿行向树盘起垄。垄面以树干为中线，中间高、两边低，形成开张的“︵”形，垄面高差以10～15厘米为宜。覆膜时，要求把地膜拉紧、拉直、无皱纹、紧贴垄面；垄中央两侧地膜边缘以衔接为度，用细土压实；垄两侧地膜边缘埋入土中约5厘米，并保留10厘米深集雨沟。

（5）人工辅助授粉技术

目前生产中，普遍存在果园授粉树严重缺少的现状。为了提高苹果坐果率、商品率和优质果率，可采取人工辅助授粉技术。常用方法有点授法、喷粉法、喷雾法等。

3. 技术效果

化肥使用量减少20%以上，产量增加10%～15%，优质果率达到85%以上。

4. 适宜地区

适宜于渭北黄土高原苹果产区及类似生态区。

5. 注意事项

有条件的果园每年可灌水3～4次。授粉树配置合理的果园在苹果花期若天气正常，也可以不进行人工辅助授粉。

（撰稿人：高华）

第十五节　渭北黄土高原矮砧集约苹果园化肥减量增效技术

1. 区域特点及存在问题

西北黄土高原苹果产区普遍存在土壤瘠薄、干旱缺水、水肥利用率低等问题，旱地矮化苹果栽培易出现树势衰弱、产量低、果实品质差等问题。

2. 集成技术及技术要点

针对旱地矮化苹果栽培土壤瘠薄、肥水利用率低等问题，研究出局部土壤改良、起垄覆盖地布和追施水溶肥的肥水膜一体化技术。初步集成陕西矮砧苹果旱作栽培的肥水膜一体化技术模式："秋施基肥＋园艺地布覆盖＋膨大期追施水溶肥＋果园生草"。

（1）秋施基肥技术

矮砧集约栽培秋施基肥建议：以2 000千克/亩产量为例，在9月中下旬，株施优质农家肥20～30千克、微生物菌剂0.5千克和苹果配方肥1.0千克，配方养分含量为45％（20-15-10）。

（2）园艺地布覆盖

园艺地布的宽度应是树冠最大枝展的70％～80 ％。沿行向树盘起垄，垄面以树干为中线，中间高、两边低，形成开张的"︵"形，垄面高差10～15厘米。平整垄面、拍实土壤，即可覆膜。覆地布时，要求把地布拉紧、拉直、无皱纹、紧贴垄面。垄中央两侧地膜边缘以衔接为度，用细土压实；垄两侧地膜边缘埋入土中约5厘米。地布覆好后，在垄面两侧距离地布边缘3厘米处沿行向开挖修整深、宽各30厘米的集雨沟，要求沟底平直，便于雨水分布均匀。园内地势不平、集雨沟较长时，可每隔2～3株间距在集雨沟内修一横挡。

（3）肥水膜一体化

水肥一体化养分供应量的多少主要根据目标产量而定，结合滴灌每1 000千克产量需纯氮（N）7千克、纯磷（P_2O_5）4.5千克、纯钾（K_2O）7千克。在用水量上，每亩每次灌水3～5米^3，根据降雨及土壤水分状况掌握。肥料采用液体水溶肥料或固体水溶肥料。肥料浓度一般为0.1 ％～0.3 ％。每年滴灌40～60米^3 肥水。肥水供应次数为每年8～15次。

（4）果园生草

果园生草采取先自然生草后人工管理，行间不进行中耕除草，当草长到30厘米左右时要进行刈割，割后保留8厘米左右，每年刈割4～5次。或行间混播种植三叶草、鼠茅草、黑麦草、高羊茅等绿肥，也可采用豆菜轮作技术。

3. 技术效果

化肥使用量减少 20%以上，产量增加 15%～20%，优质果率达到 85%以上。

4. 适宜地区

适宜于渭北黄土高原苹果产区及类似生态区。

5. 注意事项

水源充足的果园每年肥水供应次数可达 15～20 次。

（撰稿人：高华）

第十六节　京津地区矮砧苹果园节水减肥增效技术

1. 区域特点及存在问题

京津地区水资源匮乏及果树需水时期与自然降水不协调、浪费水资源而且树体生长过旺，冗余现象严重，肥料利用效率低、果实品质差。

2. 集成技术及技术要点

（1）选择适宜品种和砧木

京津地区是非常典型的温带季风气候，夏季高温多雨，冬季寒冷干燥，春、秋季时间短。

①品种。建议早熟品种为大伟嘎拉（红色）、蜜思（黄色）和恋姬；中熟品种为秋映、信浓金、绯脆；晚熟品种为宫藤富士、维纳斯黄金。

②矮化砧木。由于北京地区冬季和早春寒冷与干燥同步，经过多年的试验，很多苹果矮化砧木有冻害和抽条现象发生，适宜北京地区的苹果矮化砧木为 SH6、G935 和 G41。

③苗木类型。有灌溉条件、土壤 pH 在 7.8 以下的地区，可选择 SH6、G935 和 G41 矮化自根砧苗木。无灌溉条件或不能适时灌溉的地区，可选择自根（圆叶海棠为基砧）或实生（八棱海棠为基砧）矮化中间砧苗木，中间砧木选择 SH6 和 G41。老果园更新时，选择 G935 或 G41 矮化自根砧苗木。

（2）栽植密度与树形

树形选择高纺锤树形，栽植株距 0.75～1.25 米，行距 3.5～4.0 米。

（3）省力化建园

①栽植前的准备。

整地：栽植前平整土地，深耕 30 厘米以上，机械起垄，垄高 15～20 厘米，垄宽 60～80 厘米（至少比开沟机、施肥搅拌机的作业宽度宽出 20 厘米）；

垄上机械开沟，沟宽 30 厘米左右，沟深 20～30 厘米，沟内施充分腐熟的有机肥（每亩 1～2 吨），然后沟内用机械将施入的有机肥与土充分搅拌均匀。

洇栽植沟：栽植前 3～5 天灌透水洇沟。可采用沟灌或滴灌方式，灌溉时 40 厘米以上土层充分吸水。栽植前浸泡苗木 4 小时左右。

②栽植与栽后管理。

栽植时间：以春季栽植为主，萌芽后至盛花期间种植。

栽植后及时浇水：栽植当天及时浇水，小水灌溉即可，让土壤与苗木根系充分接触，浇水后扶正苗；根据土壤墒情，5～7 天再灌一次水，水分达土层 40 厘米以下；土壤墒情合适后，用机械把行内垄背耙平。

铺设灌溉管：采用肥水一体化灌溉系统，每行树在树两侧铺设 2 行灌溉软管，每行软管前端增设开关，为以后交替灌溉做准备，软管距树干 40 厘米。

地面覆盖：灌溉管铺设完毕后，在树行两侧垄上各覆盖幅宽 100 厘米的黑色园艺地布（100～120 克/米^2），两边园艺地布与树保留 5 厘米左右的缝隙。

（4）土肥水管理

①土壤管理。

行间生草：可自然生草或人工种草（北京地区建议种雀麦草、高羊茅或自然生草）。

行间管理：草每长到 50 厘米高度时留茬（5～8 厘米）机械刈割，终年不旋耕，雨季可正常机械打药作业。

②水肥一体化适时灌溉施肥。早春土壤解冻至盛花后 3～4 周，保持土壤水分含量稳定在田间持水量的 60%～80%；根据土壤墒情，及时灌水，同时增加养分；结合灌水，此阶段以氮肥施用为主，每亩用量 10～15 千克。

6 月底至 8 月底，幼树至结果初期，土壤水分含量稳定在 50%～60%，根据新梢和叶片水分状况，适时进行交替灌溉；同时，以氮、磷肥施用为主，每亩每次用量 10～15 千克。

8 月底至落叶，土壤水分含量稳定在 60%～70%；结合土壤墒情，适时灌水；结果树以磷、钾为主，每亩每次用量 10～15 千克。

苹果矮砧果园的肥水用量与土壤类型、肥力水平、树龄（幼树、初结果、结果期）和降水时期、降水量等有密切关系，除上面提到的三个时期外，应根据树体生长状况，适当增加或调减水分和肥料应用次数和应用量。

3. 技术效果

较常规管理节水 35%以上；采用适时水肥一体化灌溉施肥技术，化学肥料使用量减少 25%以上。

4. 适宜地区

适用于京津地区具有水浇条件的苹果矮化自根砧和矮化中间砧果园。

（撰稿人：李民吉）

第十七节　京津地区乔砧苹果园化肥减量增效技术

1. 区域特点及存在问题

京津地区地处华北平原，苹果园生产多以公司运营、采摘及特供为目标。该地区降水量小、土质偏碱，从而使得土壤有机质含量低、肥力差。该项技术结合京津地区土壤养分状况、苹果的养分需求和生产状况进行了试验验证和示范，在集成单项技术的基础上，实现化肥减施、蓄水保墒、促进生长等多重目的，可明显减少化肥施用量，降低生产成本，保护生态环境。

2. 集成技术及技术要点

（1）在京津地区苹果园进行常规管理，不减少化肥施用次数，但对单次化肥施用量减少30%。

（2）在春季施用基肥时（即花前），进行生物活性素（以有机苯丙环为核心的有机物、微生物和矿质元素的复配试剂）的施用，在树的四周进行穴施，深度为20厘米，其位置在树冠下方向内10厘米左右，注意不要伤根。施用时配合浇水，待分散后进行填埋。成龄树每株施用150克，幼龄树每株施用50克。

（3）为了提高生物活性素的功效，可在行间进行人工生草。人工生草的草种选择紫花苜蓿（播量150千克/公顷）或高羊茅（播量255千克/公顷），一般在9～10月种植，也可在翌年3月种植人工草种。采用草坪草播种方式，条播或撒播方法，间隔并采用草坪割草机修剪，草高维持在20厘米左右，刈割后的紫花苜蓿或高羊茅覆于行间，树盘免耕无覆盖。

3. 技术效果

该技术长期施用（5年以上），可显著增加施用部位土壤有机质含量（5年0.2%～0.3%），增产20%，化肥利用效率提高20.8%。

4. 适宜地区

主要针对北京、天津的苹果产区，西部（陕西、甘肃）地区可参照执行。

5. 注意事项

定期刈割，尽量不要勤翻耕压，秋冬季节可通过分解腐蚀让草自然分解成有机质，以提高土壤的有机质含量，并可起到保墒控温的作用，防止夏季高温的伤害以及冬季低温的冻害，起到很好的隔热作用。

施用生物活性素时尽量靠近根部且不伤根，配合浇水施用效果更佳，以防未扩散造成土壤不通气，导致生物活性素变质。施用时期尽量在萌芽和开花期间，不要在花后进行。

（撰稿人：韩振海、王忆、许雪峰）

第十八节　辽宁苹果园化肥减量增效技术

1. 区域特点及存在问题

辽宁地区苹果园存在盲目施肥，施肥时期、结构和施用量不合理，化肥用量较高，有机肥施用量较低等问题，不合理的施肥引起土壤质量下降，进而影响苹果生产。此外，辽宁省苹果产区缺素症状普遍发生。

2. 集成技术及技术要点

（1）化肥科学施用技术

①施肥时期。分为 3 次施肥，氮肥 6 月施 40%，8 月施 20%，10 月施 40%；磷肥 6 月施 30%，8 月施 20%，10 月施 50%；钾肥 6 月施 20%，8 月施 60%，10 月施 20%。

②施肥数量。具体施用时间、肥料种类和用量如下。

施肥时期（千克/亩）	肥料种类	数量（千克）
6月	尿素（N 46）	22.26
	磷酸二铵（N 18，$P_2O_5$46）	9.78
	硫酸钾（K_2O 51）	11.76
	或者配方肥 24-9-12（或相近配方）	50
8月	尿素（N 46）	10.49
	磷酸二铵（N 18，$P_2O_5$46）	6.25
	硫酸钾（K_2O 51）	35.29
	或者配方肥 10-5-30（或相近配方）	58
10月	尿素（N46）	19.71
	磷酸二铵（N 18，$P_2O_5$46）	16.30
	硫酸钾（K_2O 51）	11.76
	或者配方肥 21-13-10（或相近配方）	58

③施肥方式。氮、磷、钾肥分别称重后混合施入。采用辐射沟方式施肥，距离树干 30～50 厘米由内而外开沟，沟深 20 厘米，施肥后覆土。

（2）有机肥替代化肥技术

①施用时间。施用时期为 9 月中旬至 10 月中旬，早中熟品种在采收后施肥，晚熟品种在 10 月中旬以前完成施肥工作。

②施用数量。每亩果园施优质商品有机肥或优质生物有机肥 500 千克，或农家肥 1 500～2 000 千克。为了降低肥料成本，也可以用生物有机肥与农家肥混合施用。

③施用方式。辐射沟施肥法：距树干 0.5～1.0 米处由里而外，挖 4～6 条放射状施肥沟，沟深 30～40 厘米，沟宽 20～40 厘米，一直延伸到树冠正投影的外缘处。

（3）果园土壤有机质提升技术

①果园行间生草技术。采用“行内清耕或覆盖、行间自然生草＋人工补种＋人工刈割管理”的模式，行内（垄台）保持清耕或覆盖园艺地布、作物秸秆等物料，行间其余地面生草。

利用乡土草种自然生草。果园杂草种类众多，要重视利用禾本科乡土草种；以稗类、马唐等最易建立稳定草被。整地后让自然杂草自由萌发生长。

自然生草不能形成完整草被的地块需人工补种。人工补种可以种植商业草种，也可种植当地习见单子叶乡土草（如马唐、稗、光头稗、狗尾草等）。采用撒播的方式，事先对拟撒播的地块稍加划锄，播种后用短齿耙轻耙使种子表面覆土，稍加镇压或踩实，有条件的可以喷水、覆盖稻草、麦秸等保墒，草籽萌芽拱土时撤除。

生长季节适时刈割，留茬高度 20 厘米左右；雨水丰富时适当矮留茬，干旱时适当高留，以利调节草种演替，促进以禾本科草为主要建群种的草被发育。刈割时间掌握在拟选留草种（如马唐、稗等）抽生花序之前、拟淘汰草种（如藜、苋菜、苘麻等）产生种子之前。环渤海湾地区自然气候条件下每年刈割次数以 4～6 次为宜，雨季后期停止刈割。刈割下来的草覆在行内垄上。秋播的当年不进行刈割，自然生长越冬后进入常规刈割管理。

②树盘覆盖秸秆技术。覆盖宽度：幼树果园以及矮化砧成龄果园在果树两侧覆盖宽度为 0.5～1 米，行间采用生草制。乔化成龄果园，行间光照条件较差、根系遍布全园，可采用全园覆盖制度。

有机物覆盖厚度：秸秆除提供有机质外，其厚度大小决定了杂草的抑制效果，厚度太薄不能有效抑制杂草，起不到保温、保墒作用。建议覆盖厚度：不易腐烂的花生壳覆盖厚度在 15 厘米左右，玉米秸秆覆盖厚度在 20 厘米左右，稻草、麦草以及绿肥作物等要容易腐烂，适当增加厚度至 25 厘米以上。一般每亩地每年秸秆用量在 1 000～1 500 千克。

秸秆的处理：花生壳、稻草、麦草、树叶、松枝、糠壳、锯屑等物料，可直接覆盖树盘，如果为坡地，稻草和麦草覆盖的方向要与行向平行，以便阻截降水、防止地表径流等。玉米秸秆一般要铡成 5～10 厘米小段，然后覆盖。主干周围留下 30 厘米左右空隙不要覆盖，防止产生烂根病。秸秆覆盖后撒少量土压实，防止火灾发生。

覆盖时期：一般在春季 5 月上旬以后，地温回升，果树根系活动时开始覆盖。第二年春季如果覆盖厚度较大，可扒开覆盖物，加快地温回升速度，防止幼树抽条。到地温回升后，恢复覆盖物并添加到适当厚度。

旋耕处理：为了增加下层土壤的有机质含量，在新一轮覆盖工作开始前，可用小型旋耕机在树盘内距离树干 30 厘米左右旋耕，旋耕深度 20 厘米左右。这样可以把处于半腐烂状态的有机物料与土壤充分混合，既提高了其与土壤微生物接触机会、加快腐烂速度，又增加了下层土壤有机质含量。

（4）叶面肥喷施技术

根据辽宁省苹果产区缺素症状普遍发生的特点，选用叶面喷施肥料技术，快速矫正缺素症状带来的损失，实现增效目的。

①晚秋施用氮肥技术。

时期：在落叶前 20～25 天进行最佳，一般为 10 月底到 11 月初开始喷第一次，连续喷 3 次，间隔 5～7 天喷 1 次。

浓度：第一次浓度为 1%左右，第二次浓度为 2%～3%，第三次浓度为 5%～6%。每次加适量硼砂或硫酸锌等（根据缺素情况定，浓度 0.5%左右）。

②钙肥喷施技术。对缺钙严重果树，可在生长季节叶面喷施 1 000～1 500倍硝酸钙或氯化钙溶液，或者其他商品钙肥。喷洒重点部位是果实萼洼处。每个生长季喷施 5 次，套袋前 3 次、套袋后 2 次，最后一次应在采收前 3 周。

③锌肥喷施技术。在萌芽前 15 天，用 2%～3%硫酸锌溶液全树喷施；展叶期喷 0.1%～0.2%；秋季落叶前喷 0.3%～0.5%的硫酸锌溶液，重病树连续喷 2～3 年。或在发芽前 3～5 周，结合施基肥，每株成年树施 50%硫酸锌 1～1.5 千克或 0.5～1 千克锌铁混合肥。

④镁肥喷施技术。缺镁较轻的果园，可在 6～7 月叶面喷施 1%～2%硫酸镁溶液 2～4 次。缺镁较重的果园可把硫酸镁混入有机肥中根施，每亩施硫酸镁 1～1.5 千克。在酸性土壤中，施镁石灰或碳酸镁可中和土壤中酸度。

⑤铁肥喷施技术。发病严重的树发芽前可喷0.3%～0.5%的$FeSO_4$溶液，或在春梢迅速生长初期，用黄腐酸二铵铁200倍液叶面喷施。也可结合深翻施入有机肥，适量加入$FeSO_4$，不要在生长期施用，以免产生肥害。

⑥锰肥喷施技术。缺锰果园可在土壤中施入氧化锰、氯化锰和硫酸锰等，最好结合施有机肥分期施入，一般每亩施氧化锰0.5～1.5千克、氯化锰或硫酸锰2～5千克。也可叶面喷施0.2%～0.3%硫酸锰，喷施时可加入半量或等量石灰，以免发生肥害，也可结合喷施波尔多液或石硫合剂等一起进行。

⑦硼肥喷施技术。缺硼果树可于秋季或春季开花前结合施基肥，施入硼砂或硼酸。施肥量因树体大小而异，每株大树施硼砂0.03～0.05千克，小树施硼砂0.01～0.02千克，用量不可过多，施肥后及时灌水，防止产生肥害。根施效果可维持2～3年，也可喷施，在开花前、开花期和落花后各喷一次0.3%～0.5%的硼砂溶液，溶液浓度发芽前为1%～2%，萌芽至花期为0.3%～0.5%。碱性强的土壤硼砂易被钙固定，采用此法效果好。

3. 技术效果

通过科学施肥提高化肥利用率，实现氮肥减施35%、磷肥（P_2O_5）减施50%、钾肥（K_2O）减施25%；通过增施有机肥，实现化肥总养分替代率不低于25%。坐果率提高15%～55%，增产10%～50%。

4. 适宜地区

适宜于辽宁省苹果产区乔砧成龄果园，其他果园可参考实施。

5. 注意事项

(1) 果园生草注意适时拔除（或刈割）豚草、苋菜、藜、苘麻、葎草等高大恶性草。

(2) 为了加快秸秆的腐烂速度，注意调节碳氮比：可在雨季向覆盖物上撒施适量尿素，并零星覆盖优质熟土，促进秸秆腐烂还田。

（撰稿人：李壮、李燕青、程存刚）

第十九节　甘肃东部旱地苹果园肥水膜一体化化肥减量增效技术

1. 针对问题

甘肃东部苹果产区年降水量少且年际和月际间分布不均，90%以上的果园无灌溉条件，干旱少雨是制约苹果园肥水高效利用的主要因素。该技术将有限的自然降雨“集、蓄、保、用”起来，通过“树盘覆膜、小沟集雨、沟内施肥”技术组装，可实现旱地果园的水肥一体化，显著提高肥水利用效率。

2. 技术要点

（1）树盘起垄覆膜

春季在土壤5厘米厚的表土解冻后进行顶凌覆膜。地膜选择厚度0.008毫米以上的黑色地膜，覆膜后地膜的宽度为树冠最大枝展的70%～80%。覆膜前，首先沿行向树盘起垄。垄面以树干为中线，中间高、两边低，形成开张的“︵”形，垄面高差以10厘米为宜。垄面起好后，平整垄面、拍实土壤，经过3～5天时间待垄面土壤沉实后覆膜。覆膜时，要求把地膜拉紧、拉直、无皱纹、紧贴垄面；垄中央两侧地膜边缘以衔接为度，用细土压实；垄两侧地膜边缘埋入土中约5厘米。

（2）开挖集雨沟

地膜覆好后，在垄面两侧距离地膜边缘3厘米处沿行向开挖修整深20厘米、宽30厘米的集雨沟，要求沟底平直，便于雨水分布均匀。园内地势不平、集雨沟较长时，可每隔2～3株间距在集雨沟内修一横挡。

（3）集雨沟内施肥

施入基肥时，在集雨沟内再垂直向下开挖15～20厘米深的施肥沟，根据施肥量确定开沟深度，然后将基肥均匀撒入沟内并与底土混合均匀，之后回填土壤至原来集雨沟深度。追肥时，在集雨沟内再垂直向下开挖10厘米深的施肥沟，然后将追肥均匀撒入沟内并与回填土混合均匀，之后回填土壤至原来集雨沟深度。

（4）行间覆盖秸秆

集雨沟内施肥完毕后，根据条件可在集雨沟内和行间覆盖10厘米厚的作物秸秆。

3. 技术图片

起　垄

覆　膜

施入基肥

施入追肥

水肥一体化

技术效果

4. 技术效果

每亩增产 500 千克，优质果率提高 16.8%，每亩增收 1 500 元。化肥用量减少 25%，肥料利用效率提高 20%。

5. 适宜地区

适宜于年有效降水量 430～560 毫米的陇东苹果产区。

6. 注意事项

防止地膜损坏引起保水效果变差。施肥时间和施肥量严格按照苹果需肥特点与树龄大小确定。

（撰稿人：马明、孙文泰、尹晓宁）

第二十节　甘肃秦州苹果园化肥减量增效技术

1. 区域特点及存在问题

甘肃秦州位于西北黄土高原地区，土壤有机质缺乏是产量低而不稳、优果率低的主因，加之长期采用清耕制导致土壤退化，且大多是旱地"雨养"果园，尤其是春末夏初的季节性干旱缺水频繁出现，严重影响了果树的营养吸收。此外，还存在果园施肥结构和用量不合理等问题。为解决上述问题，该区域集成了"覆膜保水＋果园覆草＋配方施肥"技术模式。

2. 集成技术及技术要点

（1）有机肥施用

由目标产量来推算，一般每亩产量 3 000～4 000 千克，农家肥采用"斤果斤肥"的原则，商品有机肥每亩施 300～500 千克。目标产量为在过去三年平均产量的基础上提高 15%～30%。

有机肥作为基肥于秋季（9 月下旬至 10 月下旬）一次性投入，施肥方式为开沟条施。

（2）覆膜保水技术

覆膜时间选择在春季覆膜，土壤解冻后，一般以 3～4 月为宜，结合春季施肥，在土壤墒情较好条件下或浇水后进行果园覆膜。覆膜材料选择 0.008～0.012 毫米的黑色地膜，因为黑色地膜对苹果萌芽开花物候期没有影响，还可以抑制杂草的生长。具体步骤如下。

①覆膜前准备。去除田间杂物杂草，按照果园行间走向逐行进行整地划定起垄线。

②起垄。根据事先划好的起垄线进行起垄，树冠下以树干为中心内低外高呈树盘锅底形。

③覆膜。覆膜时，要求把地膜拉紧、拉直、无皱纹、紧贴垄面；垄中央两侧地膜边缘以衔接为度，用细土压实；垄两侧地膜边缘埋入土中约 5 厘米。将地膜拉长 3～4 米后膜两边立即压土，渐次推进。

④开挖集雨沟。地膜覆好后，在垄面两侧距离地膜边缘 3 厘米处沿行向开挖修整深、宽各 30 厘米的集雨沟，要求沟底平直，便于雨水分布均匀。园内地势不平、集雨沟较长时，可每隔 2～3 株间距在集雨沟内修一横挡。

（3）果园覆草技术

①集雨沟内覆草。为了提高集雨效果，减少土壤蒸发，在集雨沟内覆盖麦草或玉米秆等作物秸秆，玉米秆若不细碎应顺向覆盖沟内，覆盖厚度以高出地面 10 厘米为好。

②行间覆草。草源丰富的地方，最好是整个空白树行全部用秸秆覆盖，厚度以达到 15 厘米为宜，保墒效果更加突出。

（4）配方肥施用技术

采用目标产量法确定果树达到该目标产量的养分需求量，再根据项目区土壤养分状况，结合土壤养分丰缺指标确定最终施肥量。

配方肥分三次施入，基肥、追肥用量比例为 1∶2。基肥投入时间为秋季，10 月中下旬；第一次追肥投入时间为 3 月中下旬；第二次追肥投入时间为 7 月中下旬果实膨大期。

配方肥施用量方案

产量水平（千克/亩）	施肥时期	肥料配方（$N-P_2O_5-K_2O$）	施肥量（千克/亩）
1 000～2 000	10 月中下旬	高氮配方肥（20-15-10）	50
	3 月中下旬	平衡配方肥（18-18-18）	50
	7 月中下旬	高钾配方肥（15-5-25）	50
	总施肥量		150

（续）

产量水平（千克/亩）	施肥时期	肥料配方（$N-P_2O_5-K_2O$）	施肥量（千克/亩）
2 000～3 000	10 月中下旬	高氮配方肥（20-15-10）	75
	3 月中下旬	平衡配方肥（18-18-18）	75
	7 月中下旬	高钾配方肥（15-5-25）	75
	总施肥量		225
3 000 以上	10 月中下旬	高氮配方肥（20-15-10）	100
	3 月中下旬	平衡配方肥（18-18-18）	100
	7 月中下旬	高钾配方肥（15-5-25）	100
	总施肥量		300

注：表中的施肥量为不施有机肥时的施肥量，若每亩增施 1 000 千克腐熟农家肥，可减少化肥 10%。

3. 技术效果

常规果园施配方肥 200 千克/亩，该技术模式施用化肥 150 千克/亩，平均减施配方肥 50 千克/亩。与传统施肥相比，减肥 20%以上、增产 20%，商品率增加 10%，每亩增收节支 1 500 元以上。

4. 适宜地区

本技术适宜于黄土高原地区年降水 300～500 毫米的果园种植区域。

（撰稿人：傅国海、崔金洲）

第二十一节 甘肃花牛（元帅系）苹果园减量增效技术化肥

1. 区域特点及存在问题

“花牛苹果”指产自天水地区的元帅系苹果。该区域降雨偏少且周年分布不均，易发生春旱和伏旱，施肥上轻有机肥、重无机肥，盲目性大，多数果园有机肥料投入严重不足，果园生草技术推广不力，不能按需科学施用肥料，缺铁、缺锌、缺钙等生理性病害易发生，树体抗病力低和果实内在品质不高，商品率低。

2. 集成技术及技术要点

（1）土壤肥力提升技术

①扩穴改土。新建果园挖直径 100 厘米、深 60 厘米以上的丰产坑，在幼

树定植前，向定植坑回填农作物秸秆、杂草 15～20 厘米，再施足有机肥，坑施腐熟农家肥不少于 50 千克。幼树期逐年向外深翻扩穴，每年向外扩展 50 厘米，深度 40～50 厘米，结合深翻扩穴增施有机肥、农作物秸秆、杂草等。经过 3～4 年基本将树冠周围全部的土壤改良。

②增施有机肥和生物菌肥。每年秋施基肥时，每亩施用农家肥不少于 2 吨，施用商品有机肥不少于 0.5 吨。同时配施生物菌肥，菌肥施用量依据所选产品的推荐用量灵活确定。

③果园生草。采用“行内清耕或覆盖＋行间生草（自然或人工生草）”。方法：人工生草采取春播＋秋播的模式（春、夏季种箭筈豌豆或毛苕子，秋季种冬油菜）达到地面全年生草覆盖。

选择草种：秋季种冬油菜、二月兰、鼠茅草，春、夏季种箭筈豌豆、毛苕子、乡土草种等。

播种时期与方法：春季（4 月上中旬）采用撒播的方式将箭筈豌豆或毛苕子播种于行间，播种量为 12～15 千克/亩，秋季（8 月下旬至 9 月上旬）采用撒播的方式将冬油菜或二月兰或鼠茅草播种于行间，播种量 1.5～2 千克/亩。播种前先对前茬草进行旋耕（锄），播种后用短齿耙轻耙使种子表面覆土，稍加镇压，有条件的可以喷水以提高出苗率。

播后管理：生草初期，应加强水肥管理。根据苗的生长情况，酌情增施氮肥（每亩施尿素 8～10 千克），以促使苗早期生长。同时，及时清除恶性杂草。箭筈豌豆或毛苕子生长季节视生长情况适时刈割或直接碾压于地面，冬油菜在生长期原则上不刈割，待开花时直接进行旋耕（锄），并同步播种箭筈豌豆或毛苕子，同样秋季播冬油菜时将箭筈豌豆或毛苕子也直接进行旋耕（锄），这样可实现春、夏、秋三季果园生草。自然生草的果园，保留当地覆盖性好的浅根性杂草如繁缕（俗名鸡肠子）等，进行不定期刈割。

④果园秸秆覆盖。秸秆中含有大量的有机质和矿质养分，也是优质的有机肥料来源之一。果园秸秆覆盖是针对土壤贫瘠、肥力低、易受天气和温度影响的果园而采取的土壤管理技术。它具有培肥、保水、稳温、灭草、免耕、省工和防止土壤流失等多种效应，能改善土壤生态环境，养根壮树，促进树体生长发育，进而提高产量和改善品质。覆盖时间：1 年覆盖 2 次，即在晚秋与早春进行。晚秋覆盖是在果树秋施基肥、灌封冻水后进行；春季覆盖是在 2 月土壤化冻后覆膜。覆盖方法：用干、鲜草或收割后的农作物秸秆平铺在树行内。第一年，每亩果园秸秆用量 1 000～1 500 千克，以后每年每亩果园秸秆用量 600～800 千克，秸秆覆盖厚度一般 15～25 厘米，覆盖一次 2～3 年有效。覆盖 3～4 年后可将秸秆翻入地下，同时再进行新一轮覆盖。

（2）果园养分管理技术

①养分管理原则与施肥量。按照“增、配、补、种”的原则进行果园全年养分管理。“增”：即增加有机肥的用量。农家肥按不少于“斤果斤肥”的量施入，建议商品有机肥施用量按每产 10 千克果，施商品有机肥 1 千克计算。“配”：即配施微生物菌肥和土壤调理剂，施用量按照产品说明书推荐用量施用。“补”：即按需补施化肥。氮、磷、钾肥施用按照山东农业大学姜远茂、葛顺峰团队提出的“大配方、小调整”技术进行：“大配方”即苹果施肥的通用配方：氮、磷、钾比例为 17-10-18，基肥、追肥分开配方：基肥为 15-15-15、追肥为 20-5-20。“小调整”即氮、磷、钾主要根据土壤有机质、有效磷和速效钾含量进行。有机质、有效磷和速效钾含量适宜值分别为 2.0%、60 毫克/千克和 200 毫克/千克左右（5%变幅），在适宜值时氮肥用量按照 100 千克产量 0.85 千克氮计算大配方用量。果园有机质、有效磷和速效钾测定值每降低或增加 0.5%、20 毫克/千克和 50 毫克/千克，则 N、P_2O_5、K_2O 施用量相应增加或减少 20%。化肥用量参考标准：每产 1 000 千克果，施纯氮（N）6～10 千克、纯磷（P_2O_5）2～4 千克、纯钾（K_2O）7～11 千克。甘肃土壤普遍偏弱碱性，易出现缺铁、缺锌等生理性病害，应按少量多餐的原则适量配施中微量元素肥。“种”：即果园种植绿肥作物，按前文果园生草技术进行。

②施肥时期与结构比例。基肥：秋季果实采收后（8 月下旬至 10 月下旬），一次性施入全部腐熟有机肥，施入 40%的氮肥、60%的磷肥、30%的钾肥。萌芽前追肥：一般在 3 月上中旬，配方施入 30%的氮肥、20%的磷肥、40%的钾肥，有灌溉条件的结合追肥灌水。花芽分化前追肥，即 6～7 月追肥十分重要，既能促进花芽分化，又为果实膨大提供足够的养分，此期施入 30%的氮肥、20%的磷肥和 30%的钾肥。叶面喷肥：全年喷施叶面肥 4～5 次，前期以氮肥为主，后期以磷、钾肥为主，并配合微量元素肥料。常用叶面肥施用浓度：尿素 0.3%～0.5%，磷酸二氢钾 0.2%～0.3%，氯化钾 1%～2%，硫酸亚铁 0.3%～0.5%，硫酸锌 0.2%～0.3%。

③施肥方法。基肥：在树冠投影处挖环状或放射状沟，沟深 40～50 厘米，沟底填入杂草或秸秆，再施入有机肥和配方肥，其后覆土。追肥：有滴灌条件的果园采用滴灌系统水肥一体施入，无滴灌条件的果园将肥料溶于水后采用施肥枪注射施入。或在下雨前后每株树挖 4～6 个 15～20 厘米的施肥穴，均匀施入配方肥料后覆土。

④苹果树常见缺素症状矫正。氮、磷、钾、镁等是容易移动的元素，苹果树缺乏这些元素时，缺素症状首先在成熟组织或器官发生。钙、铁、硫、锰、

铜、硼等在苹果树体内不容易移动，缺素症状在嫩叶中首先发生。苹果缺氮，新梢基部成熟叶片逐渐变黄，并向顶端发展，所结果实小而早熟、早落，花芽显著减少；缺磷时叶色深绿色，叶背呈古铜色，叶边缘分布有紫褐色斑点；缺钾时叶片基部和中部的边缘失去绿色，常常向叶背面卷曲，严重时，叶片边缘变褐枯焦；缺锌叶片窄而狭长，枝条节间短，叶片簇生，呈莲叶状，俗称“小叶病”；缺铁苹果树新梢顶端的幼嫩叶变黄绿，叶肉呈淡绿或黄绿色，随病情加重，再变黄白色，叶脉仍为绿色，呈绿色网纹状；苹果树缺硼，常导致新梢的顶芽枯死，节间变短，引起苹果缩果病，果实表面呈凸凹不平的畸形，局部发生木栓化，但没有苦味；苹果缺钙时，生长点坏死，极易发生生理性病害，果肉缩成海绵状，果心呈水渍状，形成苦痘病、木栓化斑点病、水心病以及裂果病等。常见苹果中微量元素缺素症矫正参照中国农业科学院果树研究所李壮、杨晓竹等人提出的矫正技术要点进行矫正。

缺锌矫正技术：萌芽前15天全树叶面喷施硫酸锌，浓度为2%～3%；展叶期叶片喷施硫酸锌，浓度为0.1%～0.2%；树体落叶前叶面喷施硫酸锌，浓度为0.3%～0.5%。土施：结合施基肥，在发芽前3～5周，每株成年树施50%硫酸锌1.0～1.5千克或0.5～1.0千克。

缺铁矫正技术：应注意改良土壤，排涝、通气和降低盐碱。缺铁严重的苹果树，可在萌芽期喷“光杆肥”，浓度为0.3%～0.5%硫酸铁溶液，或者在新梢生长初期喷布黄腐酸二铵铁，浓度为200倍水溶液。注意展叶后不要直接喷施硫酸铁溶液，以免产生肥害。

缺镁矫正技术：叶面喷施硫酸镁溶液，时间是6～7月，浓度为1%～2%，喷施2～4次。土施：每亩土施1.0～1.5千克硫酸镁。

缺硼矫正技术：缺硼果园可结合秋、春季施基肥加以矫正。可选择硼砂、硼酸或其他商品硼肥。叶面喷施：在5%初花期、盛花期和95%落花期各喷一次硼砂水溶液，浓度为0.3%～0.5%。土施：一般成龄树每株施硼砂0.15～0.20千克，幼树施硼砂0.05～0.10千克。

缺钙矫正技术：轻度缺钙的果园，应增加有机肥的施入量，雨季注意排涝。酸性土壤，要适当提高土壤pH，施用生石灰等碱性土壤改良剂。缺钙较重的果园，生长季叶面喷施氯化钙或硝酸钙溶液，浓度为1 000～1 500倍液。在套袋前的幼果期喷施3～4次，套袋后喷施1～2次，采收后前3周喷施最后一次。

缺锰矫正技术：叶面喷施硫酸锰溶液，浓度为0.2%～0.3%。土施一般与有机肥混合施入较好，土施氧化锰，每亩0.5～1.5千克；土施氯化锰或者硫酸锰，每亩2.0～5.0千克。

（3）果园土壤和水分管理技术

采用旱地苹果园微垄覆膜集雨保墒技术和果园行间草技术，以达到稳定果园温、湿度，有利于天敌繁衍生息，有利于保墒肥田，发生春旱或伏旱时能够提高果树抗旱能力。

①起垄覆盖。沿行向起宽 1.5～2 米、高 10～15 厘米的垄，呈中间略高、两侧略低的屋脊形或“⌒”形，垄面高差以 10 厘米为宜。起垄后保证嫁接口与地面平齐（矮化中间砧植株中间砧与基砧嫁接口埋入土中 10 厘米）。起垄后对行间垄沟土地进行平整、旋耕、耙平，有条件的地块事先施入土杂肥。旋耕时不要破坏垄台。在垄两侧挖深、宽均为 20 厘米的沟。垄面起好后，平整垄面、拍实土壤，经过 3～5 天时间待垄面土壤沉实后覆黑色的地膜或园艺地布或无纺地布等物料。覆膜或地布时，要求把地膜拉紧、拉直、无皱纹、紧贴垄面；垄中央两侧地膜边缘以衔接为度，用细土或卡钉压实；垄两侧地膜边缘埋入土中约 5 厘米。

②生草种草。自然生草利用乡土草种，适时拔除（或刈割）高大恶性草，保留覆盖性好的浅根性杂草，如繁缕（俗名鸡肠子）。人工生草，无灌水条件的果园建议首选箭筈豌豆、毛苕子、油菜，有灌水条件的果园可选鼠茅草等，这些生草作物均不收获种子，在开花前后机械刈割至行内。

3. 技术效果

化肥减量 30%以上，增产 10%左右，优质果率提高 20%以上，增产提质效果显著。

4. 适宜地区

适宜于甘肃、山西、陕西元帅系苹果产区。

5. 注意事项

果园培肥技术和水分管理技术可以根据果园肥力状况、立地条件等影响因素综合开展。

（撰稿人：呼丽萍、郭志刚）

第二十二节　渤海湾苹果园高效平衡施肥指导意见

1. 技术概述

渤海湾区苹果园在施肥上存在有机肥投入不足，果园土壤有机质含量低；钙、硼和镁缺乏普遍；氮、磷肥用量偏高，中微量元素养分投入不足，肥料增产效率低，生理性病害发生严重；忽视秋季施肥等问题。这些问题不同程度影响了树体的正常生长发育，成为提质增效的限制因素。该高效平衡施肥指导意见是针对上述问题，结合该区域苹果养分需求、土壤养分和生产状况提出的，并进行了试验验证和示范，供各地在指导苹果施肥时参考。

2. 技术效果

2010—2018年在山东、辽宁和河北等地16个试验结果表明该技术可使每亩化肥用量减少25%～30%，每亩增产260～350千克，可溶性固形物增加0.4%～1.2%，优质果率提高10%～15%，每亩节支增收共450～1 200元。

3. 应用范围

该高效平衡施肥建议主要针对渤海湾苹果产区（山东、辽宁、河北等）盛果期（产量水平3 000～5 000千克）红富士苹果，其他品种可参照执行。

4. 有机肥的施用

（1）有机肥类型

有机肥包括有豆粕、豆饼类，生物有机肥类，羊粪、牛粪、猪粪、商品有机肥类，沼液、沼渣类，秸秆类等。

（2）施肥时期

秋季施肥最适宜的时间是9月中旬到10月中旬，即中熟品种采收后。对于晚熟品种如红富士，建议采收后马上施肥、越快越好。

（3）施肥量

施用农家肥（羊粪、牛粪等）2 000千克（约6米^3）/亩，或优质生物肥500千克/亩，或饼肥200千克/亩，或腐殖酸200千克/亩。

（4）施肥方法

施用方法采取沟施或穴施，沟施时沟宽30厘米左右、长度50～100厘米、深40厘米左右，分为环状沟、放射状沟以及株（行）间条沟。穴施时根据树冠大小，每株树4～6个穴，穴的直径和深度为30～40厘米。每年再交换位置挖穴，穴的有效期为3年。施用时要将有机肥等与土充分混匀。

（5）注意事项

有机肥要提前进行腐熟，避免直接施用鲜物。

5. 基肥化肥的施用

（1）化肥类型和用量

采用单质化肥的类型和用量：在土壤有机质含量10克/千克、碱解氮含量80毫克/千克、有效磷含量60毫克/千克和速效钾含量150毫克/千克左右情况下，每生产1 000千克苹果需要施氮肥（折纯N）3.2（2.4～4.0）千克[换算成尿素为7.0（5.2～8.7）千克]，施磷肥（折纯P_2O_5）2.4（1.8～

3.0）千克［换算成18%的过磷酸钙为13.3（10.0～16.7）千克］，施钾肥（折纯K_2O）2.6（2.1～3.3）千克［换算成硫酸钾为4.9（3.9～6.1）千克］。在土壤碱解氮含量小于55毫克/千克、有效磷含量小于30毫克/千克和速效钾含量小于50毫克/千克情况下取高值；而在土壤碱解氮含量大于100毫克/千克、有效磷含量大于90毫克/千克和速效钾含量大于200毫克/千克或采用控释肥、水肥一体化技术等情况下取低值（下同）。

采用复合肥的配方和用量：建议配方为18-13-14（或相近高氮、磷配方），每1 000千克产量用18千克左右。

中微量元素肥料类型和用量：根据外观症状每亩施用硫酸锌1～2千克、硼砂0.5～1.5千克。土壤pH在5.0以下的果园，每亩施用石灰150～200千克或硅钙镁肥50～100千克等。

（2）施肥时期和方法

与有机肥同时混匀施用。

6.3月中旬钙肥的施用

在3月中旬到4月中旬施一次钙肥，每亩施硝酸铵钙40～60千克，尤其是苦痘病、裂纹病等缺钙严重的果园。

7. 第一次膨果肥的施用

（1）化肥类型和用量

采用单质化肥的类型和用量：在土壤有机质含量10克/千克、碱解氮含量80毫克/千克、有效磷含量60毫克/千克和速效钾含量150毫克/千克左右情况下，每生产1 000千克苹果需要施氮肥（折纯N）3.2（2.4～4.0）千克［换算成尿素为7.0（5.2～8.7）千克］，施磷肥（折纯P_2O_5）0.8（0.6～1.0）千克［换算成18%的过磷酸钙为4.4（3.3～5.6）千克］，施钾肥（折纯K_2O）2.6（2.1～3.3）千克［换算成硫酸钾为4.9（3.9～6.1）千克］。

采用复合肥的配方和用量：建议配方为22-5-18（或相近高氮中高钾配方），每1 000千克产量用14.5千克左右。

（2）施肥时期和方法

在果实套袋前后，即6月初进行。采用放射沟法或穴施。

8. 第二次膨果肥的施用

（1）化肥类型和用量

采用单质化肥的类型和用量：在土壤有机质含量10克/千克、碱解氮含量80毫克/千克、有效磷含量60毫克/千克和速效钾含量150毫克/千克左右情况下，每生产1 000千克苹果需要施氮肥（折纯N）1.6（2.4～4.0）千克［换算成尿素为3.5（2.6～4.4）千克］，施磷肥（折纯P_2O_5）0.8（0.6～

1.0）千克［换算成18%的过磷酸钙为4.4（3.3～5.6）千克］，施钾肥（折纯K_2O）3.5（2.8～4.4）千克［换算成硫酸钾为6.5（5.2～8.2）千克］。

采用复合肥的配方和用量：建议配方为12-6-27（或相近中氮高钾配方），每1 000千克产量用14千克左右。

（2）施肥时期和方法

在果实第二次膨大期，即7～8月进行。采用放射沟法或穴施，最适采用少量多次法，水肥一体化技术最佳。

9. 根外施肥

根外施肥时期、浓度和作用见下表。

苹果根外施肥时期、浓度

时期	种类、浓度（用量）	作用	备注
萌芽前	3%尿素+0.5%硼砂	增加贮藏营养	特别上一年落叶早的果园，喷3次，间隔5天左右
萌芽前	1%～2%硫酸锌	矫正小叶病	主要用于易缺锌的果园
萌芽后	0.3%～0.5%硫酸锌	矫正小叶病	出现小叶病时应用
花期	0.3%～0.4%硼砂	提高坐果率	可连续喷施2次
新梢旺长期	0.1%～0.2%柠檬酸铁	矫正缺铁黄叶病	可连续喷施2～3次
5～6月	0.3%～0.4%硼砂	防治缩果病	可连续喷2次
	0.3%～0.4%硝酸钙	防治苦痘病	在套袋前连续喷3～4次
落叶前	1%～10%尿素+0.5%～2%硫酸锌+0.5%～2%硼砂	增加贮藏营养，防止生理性病害	主要用于早期落叶、不落叶、缺锌、缺硼的果园；浓度前低后高，喷3次，间隔7天左右

注：表中只列出常用中微肥名称，其他螯合态中微肥效果更佳。

（撰稿人：姜远茂、葛顺峰）

第二十三节　黄土高原苹果园高效平衡施肥指导意见

1. 技术概述

黄土高原区苹果园在施肥上存在有机肥投入数量不足，果园土壤有机质含量低；铁、锌和硼缺乏普遍；氮肥用量偏高，中微量元素养分投入不足，肥料增产效率下降，生理性病害发生较重；忽视秋季施肥等问题。这些问题不同程度影响了树体的正常生长发育，成为提质增效的限制因素。该高效平衡施肥指导意见是针对上述问题，结合该区域苹果养分需求、土壤养分和生产状况提出的，并进行了试验验证和示范，供各地在指导苹果施肥时参考。

2. 技术效果

2013—2018 年在河南、山西、陕西和甘肃近 20 个试验结果表明该技术可使每亩化肥用量减少 25%～20%，每亩增产 200～420 千克，可溶性固形物增加 0.4～1.8 个百分点，优质果率提高 8%～12%，每亩节支增收共 400～1 100 元。

3. 应用范围

该高效平衡施肥建议主要针对黄土高原苹果产区（陕西、甘肃、山西和河南等）盛果期红富士苹果（产量水平 2 000～3 000 千克），其他品种可参照执行。

4. 有机肥的施用

（1）有机肥类型

有机肥包括有豆粕、豆饼类，生物有机肥类，羊粪、牛粪、猪粪、商品有机肥类，沼液、沼渣类，秸秆类等。

（2）施肥时期

秋季施肥最适宜的时间是 9 月中旬到 10 月中旬，即中熟品种采收后。对于晚熟品种如红富士，建议采收后马上施肥，越快越好。

（3）施肥量

施用农家肥（羊粪、牛粪等）2 000 千克（约 6 米^3）/亩，或优质生物肥 500 千克/亩，或饼肥 200 千克/亩，或腐殖酸 200 千克/亩。

（4）施肥方法

施用方法采取沟施或穴施，沟施时沟宽 30 厘米左右、长度 50～100 厘米、深 40 厘米左右，分为环状沟、放射状沟以及株（行）间条沟。穴施时根据树冠大小，每株树 4～6 个穴，穴的直径和深度为 30～40 厘米。每年再交换位置挖穴，穴的有效期为 3 年。施用时要将有机肥等与土充分混匀。

（5）注意事项

有机肥要提前进行腐熟，避免直接施用鲜物。

5. 基肥化肥的施用

（1）化肥类型和用量

采用单质化肥的类型和用量：在土壤有机质含量 10 克/千克、碱解氮含量 70 毫克/千克、有效磷含量 35 毫克/千克和速效钾含量 150 毫克/千克左右情况下，每生产 1 000 千克苹果需要施氮肥（折纯 N）2.8（2.4～4.0）千克[换算成尿素为 6.1（5.2～8.7）千克]，施磷肥（折纯 P_2O_5）2.4（1.8～3.0）千克[换算成 18%的过磷酸钙为 13.3（10.0～16.7）千克]，施钾肥

(折纯 K_2O) 2.7 (2.1～3.3) 千克 [换算成硫酸钾为 5.0 (3.9～6.1) 千克]。在土壤碱解氮含量小于 50 毫克/千克、有效磷含量小于 10 毫克/千克和速效钾含量小于 50 毫克/千克情况下取高值；而在土壤碱解氮含量大于 95 毫克/千克、有效磷含量大于 40 毫克/千克和速效钾含量大于 200 毫克/千克或采用控释肥、水肥一体化技术等情况下取低值（下同）。

采用复合肥的配方和用量：建议配方为 16-15-14（或相近平衡配方），每 1 000 千克产量用 20 千克左右。

中微量元素肥料类型和用量：根据外观症状每亩施用硫酸锌 1～2 千克、硼砂 0.5～1.5 千克。

（2）施肥时期和方法

与有机肥同时混匀施用。

6. 3 月中旬钙肥的施用

在 3 月中旬到 4 月中旬施一次钙肥，每亩施硝酸铵钙 20～40 千克，尤其是苦痘病、裂纹病等缺钙严重的果园。

7. 第一次膨果肥的施用

（1）化肥类型和用量

采用单质化肥的类型和用量：在土壤有机质含量 10 克/千克、碱解氮含量 70 毫克/千克、有效磷含量 35 毫克/千克和速效钾含量 150 毫克/千克左右情况下，每生产 1 000 千克苹果需要施氮肥（折纯 N）2.8（2.4～4.0）千克 [换算成尿素为 6.1（5.2～8.7）千克]，施磷肥（折纯 P_2O_5）0.8（0.6～1.0）千克 [换算成 18%的过磷酸钙为 4.4（3.3～5.6）千克]，施钾肥（折纯 K_2O）2.7（2.1～3.3）千克 [换算成硫酸钾为 5.0（3.9～6.1）千克]。

采用复合肥的配方和用量：建议配方为 20-5-15（或相近高氮中高钾配方），每 1 000 千克产量用 16 千克左右。

（2）施肥时期和方法

在果实套袋前后，即 6 月初进行。采用放射沟法或穴施，建议沟或穴规格可小，但数量要多。

8. 第二次膨果肥的施用

（1）化肥类型和用量

采用单质化肥的类型和用量：在土壤有机质含量 10 克/千克、碱解氮含量 70 毫克/千克、有效磷含量 35 毫克/千克和速效钾含量 150 毫克/千克左右情况下，每生产 1 000 千克苹果需要施氮肥（折纯 N）1.4（1.2～2.0）千克 [换算成尿素为 3.1（2.6～4.4）千克]，施磷肥（折纯 P_2O_5）0.8（0.6～1.0）千克 [换算成 18%的过磷酸钙为 4.4（3.3～5.6）千克]，施钾肥（折纯

K_2O）3.6（2.8～4.4）千克［换算成硫酸钾为6.7（5.2～8.2）千克］。

采用复合肥的配方和用量：建议配方为16-6-26（或相近中氮高钾配方），每1 000千克产量用12千克左右。

（2）施肥时期和方法

在果实第二次膨大期，即7～8月进行。采用放射沟法或穴施，沟或穴规格可小，但数量要多。这次施肥最适采用少量多次施肥法，水肥一体化技术最佳。

9. 根外施肥

根外施肥时期、浓度和作用见下表。

苹果根外施肥时期、浓度

时期	种类、浓度（用量）	作用	备　注
萌芽前	3%尿素+0.5%硼砂	增加贮藏营养	特别上一年落叶早的果园，喷3次，间隔5天左右
萌芽前	1%～2%硫酸锌	矫正小叶病	主要用于易缺锌的果园
萌芽后	0.3%～0.5%硫酸锌	矫正小叶病	出现小叶病时应用
花期	0.3%～0.4%硼砂	提高坐果率	可连续喷施2次
新梢旺长期	0.1%～0.2%柠檬酸铁	矫正缺铁黄叶病	可连续喷施2～3次
5～6月	0.3%～0.4%硼砂	防治缩果病	可连续喷2次
	0.3%～0.4%硝酸钙	防治苦痘病	在套袋前连续喷3～4次
落叶前	1%～10%尿素+0.5%～2%硫酸锌+0.5%～2%硼砂	增加贮藏营养，防止生理性病害	主要用于早期落叶、不落叶、缺锌、缺硼的果园；浓度前低后高，喷3次，间隔7天左右

注：表中只列出常用中微肥名称，其他螯合态中微肥效果更佳。

（撰稿人：姜远茂、葛顺峰）

第二十四节　苹果园有机肥替代化肥指导意见

该指导意见是以中等肥力土壤亩产3 000千克的红富士苹果为例进行设计的，其他肥力条件、产量水平和品种可参照适当增减。

一、"有机肥+配方肥"模式

1. 基肥

基肥施用最适宜的时间是9月中旬到10月中旬，对于红富士等晚熟品种，可在采收后马上进行，越早越好。

基肥施肥类型包括有机肥、土壤改良剂、中微肥和复合肥等。有机肥的类型及用量为：农家肥（腐熟的羊粪、牛粪等）2 000 千克（约 6 米^3）/亩，或优质生物肥 500 千克/亩，或饼肥 200 千克/亩，或腐殖酸 100 千克/亩，或黄腐酸 100 千克/亩。土壤改良剂和中微肥建议施硅钙镁钾肥 50～100 千克/亩、硼肥 1 千克/亩左右、锌肥 2 千克/亩左右。复合肥建议采用高氮高磷中钾型复合肥，但在腐烂病发病重和黄土高原区域可采用平衡型如 15-15-15（或类似配方），用量 50～75 千克/亩。

基肥施用方法为沟施或穴施。沟施时沟宽 30 厘米左右、长度 50～100 厘米、深 40 厘米左右，分为环状沟、放射状沟以及株（行）间条沟。穴施时根据树冠大小，每株树 4～6 个穴，穴的直径和深度为 30～40 厘米。每年交换位置挖穴，穴的有效期为 3 年。施用时要将有机肥等与土充分混匀。

2. 追肥

追肥建议 3～4 次，第一次在 3 月中旬至 4 月中旬建议施一次硝酸铵钙（或 25-5-15 硝基复合肥），施肥量 30～45 千克/亩；第二次在 6 月中旬建议施一次平衡型复合肥（15-15-15 或类似配方），施肥量 30～45 千克/亩；第三次在 7 月中旬到 8 月中旬，施肥类型以高钾（前低后高）配方为主（如前期 16-6-26，后期 10-5-30，或类似配方），施肥量 25～30 千克/亩，配方和用量要根据果实大小灵活掌握，如果个头够大（如红富士果径在 7 月初达到 65～70 毫米、8 月初达到 70～75 毫米）则要减少氮素比例和用量，否则可适当增加。

二、“果—沼—畜”模式

1. 沼渣沼液发酵

根据沼气发酵技术要求，将畜禽粪便、秸秆、果园落叶、粉碎枝条等物料投入沼气发酵池中，按 1∶10 的比例加水稀释，再加入复合微生物菌剂，对其进行腐熟和无害化处理，充分发酵后经干湿分离，分沼渣和沼液直接施用。

2. 基肥

每亩施用沼渣 3 000～5 000 千克、沼液 50～100 米^3；苹果专用配方肥选用平衡型（15-15-15 或类似配方），用量 50～75 千克/亩；另外，每亩施入硅钙镁钾肥 50 千克左右、硼肥 1 千克左右、锌肥 2 千克左右。秋施基肥最适时间在 9 月中旬到 10 月中旬，对于晚熟品种如富士，建议在采收后马上施肥、越早越好。采用条沟（或环沟）法施肥，施肥深度在 30～40 厘米，先将配方肥撒入沟中，然后将沼渣施入，沼液可直接施入或结合灌溉施入。

3. 追肥

追肥建议 3～4 次，第一次在 3 月中旬至 4 月中旬建议施一次硝酸铵钙

(或25-5-15硝基复合肥)，施肥量30～45千克/亩；第二次在6月中旬建议施一次平衡型复合肥(15-15-15或类似配方)，施肥量30～45千克/亩；第三次在7月中旬到8月中旬，施肥类型以高钾(前低后高)配方为主(如前期16-6-26，后期10-5-30，或类似配方)，施肥量25～30千克/亩，配方和用量要根据果实大小灵活掌握，如果个头够大(如红富士果径在7月初达到65～70毫米、8月初达到70～75毫米)则要减少氮素比例和用量，否则可适当增加。

三、“有机肥＋生草＋配方肥＋水肥一体化”模式

1. 果园生草

果园生草一般在果树行间进行，可人工种植，也可自然生草后人工管理。人工种草可选择高羊茅、黑麦草、早熟禾、毛叶苕子和鼠茅草等，播种时间以9月中旬最佳，早熟禾、高羊茅和黑麦草也可在春季3月初播种。播深为种子直径的2～3倍，土壤墒情要好，播后喷水2～3次。自然生草果园行间不进行中耕除草，由马唐、稗、光头稗、狗尾草等当地优良野生杂草自然生长，及时拔除豚草、苋菜、藜、苘麻、葎草等恶性杂草。不论人工种草还是自然生草，当草长到30～40厘米时要进行刈割，割后保留10厘米左右，割下的草覆于树盘下，每年刈割2～3次。

2. 基肥

基肥施用时间和方法同“有机肥＋配方肥模式”。

施用农家肥(腐熟的羊粪、牛粪等)1 500千克(约5米^3)/亩，或优质生物肥400千克/亩，或饼肥150千克/亩，或腐殖酸100千克/亩，或黄腐酸100千克/亩。土壤改良剂和中微肥建议施硅钙镁钾肥50～100千克/亩、硼肥1千克/亩左右、锌肥2千克/亩左右。复合肥建议采用高氮高磷中钾型复合肥，但在腐烂病发病重和黄土高原区域可采用平衡型如15-15-15(或类似配方)，用量50～75千克/亩。

3. 水肥一体化

亩产3 000千克苹果园水肥一体化追肥量一般为：纯氮(N)9～15千克，纯磷(P_2O_5)4.5～7.5千克，纯钾(K_2O)10～17.5千克，各时期氮、磷、钾施用比例如下表。

盛果期苹果树灌溉施肥计划

生育时期	灌溉次数	灌水定额[米^3/(亩·次)]	每次灌溉加入养分占总量比例(%)		
			N	P_2O_5	K_2O
萌芽前	1	25	20	20	0

（续）

生育时期	灌溉次数	灌水定额[米^3/（亩·次）]	每次灌溉加入养分占总量比例（%）		
			N	P_2O_5	K_2O
花前	1	20	10	10	10
花后2～4周	1	25	15	10	10
花后6～8周	1	25	10	20	20
果实膨大期	1	15	5	0	10
	1	15	5	0	10
	1	15	5	0	10
采收前	1	15	0	0	10
采收后	1	20	30	40	20
封冻前	1	30	0	0	0
合计	8	205	100	100	100

注：对黄土高原地区，应采用节水灌溉模式，总灌水定额在150～170米^3/亩。另外，在雨季如果土壤湿度可以，则用少量水仅供施肥即可。

四、“有机肥＋覆草＋配方肥”模式

1. 果园覆草

果园覆草的适宜时期为3月中旬到4月中旬。覆盖材料因地制宜，作物秸秆、杂草、花生壳等均可采用。覆草前要先整好树盘，浇一遍水，施一次速效氮肥（每亩约5千克）。覆草厚度以常年保持在15～20厘米为宜。覆草适用于山丘地、沙土地，土层薄的地块效果尤其明显，黏土地覆草易使果园土壤积水、引起旺长或烂根，不宜采用。另外，树干周围20厘米左右不覆草，以防积水影响根颈透气。冬季较冷地区深秋覆一次草，可保护根系安全越冬。覆草果园要注意防火。风大地区可零星在草上压土、石块、木棒等防止草被大风吹走。

2. 基肥

基肥施用时间和方法同“有机肥＋配方肥模式”。

基肥施肥类型包括有机肥、土壤改良剂、中微肥和复合肥等。有机肥的类型及用量为：农家肥（腐熟的羊粪、牛粪等）2 000千克（约6米^3）/亩，或优质生物肥500千克/亩，或饼肥200千克/亩，或腐殖酸100千克/亩，或黄腐酸100千克/亩。土壤改良剂和中微肥建议施硅钙镁钾肥50～100千克/亩、硼肥1千克/亩左右、锌肥2千克/亩左右。复合肥建议采用高氮高磷中钾型复合肥，但在腐烂病发病重和黄土高原区域可采用平衡型如15-15-15（或类似配方)，用量 50～75 千克/亩。

3. 追肥

追肥建议 3～4 次，第一次在 3 月中旬至 4 月中旬建议施一次硝酸铵钙（或 25-5-15 硝基复合肥），施肥量 30～45 千克/亩；第二次在 6 月中旬建议施一次平衡型复合肥（15-15-15 或类似配方），施肥量 30～45 千克/亩；第三次在 7 月中旬到 8 月中旬，施肥类型以高钾（前低后高）配方为主（如前期 16-6-26，后期 10-5-30，或类似配方），施肥量 25～30 千克/亩，配方和用量要根据果实大小灵活掌握，如果个头够大（如红富士果径在 7 月初达到 65～70 毫米、8 月初达到 70～75 毫米）则要减少氮素比例和用量，否则可适当增加。

（撰稿人：姜远茂、葛顺峰）

第六章

苹果园农药高效利用技术

第一节　塔六点蓟马防治苹果害螨技术

1. 针对问题

害螨是各地果园最普遍的防治对象，喷药次数少则2～3遍，多则4～5遍，随着害螨抗药性的提高，出现防治难度增加、防治成本上升、果园生态恶化的被动局面。利用塔六点蓟马防控苹果害螨技术能很好地摆脱这一窘境，实现害螨防控的绿色化。

2. 技术要点

（1）规程1

不喷任何化学杀螨剂果园的操作规程（本规程在螨害防控方面符合有机果品生产标准要求）：越冬代或第一代成螨高峰期调查（叶螨发生初期），当树冠内膛主干附近平均10个叶丛枝有叶螨雌成螨在4～28头时，根据螨多早放的原则，于7～14天后每亩释放塔六点蓟马一盒（400头左右）。如果此期同时发生蚜虫等其他害虫，应在释放塔六点蓟马之前一周将杀虫剂喷洒完毕，避免药剂对塔六点蓟马的杀伤。如果越冬螨量较大，可结合其他病虫防治加入生物源或矿物杀螨剂压低基数，待螨量发展到合适密度时再释放塔六点蓟马。

（2）规程2

仅喷一次化学杀螨剂果园的操作规程（本规程在螨害防控方面不低于A级绿色果品生产标准要求）：在叶螨高峰前的10天前后，当调查平均百叶螨量在50～200头范围时，即刻每亩释放塔六点蓟马一盒（400头左右），蓟马由于有较丰富的食物，加之此时气温较高，会在10天的时间内产下大量后代，然后喷洒少量对蓟马安全的化学杀螨剂，调节益害比至平衡状态，发挥生防与化防的协同作用。

3. 技术图片

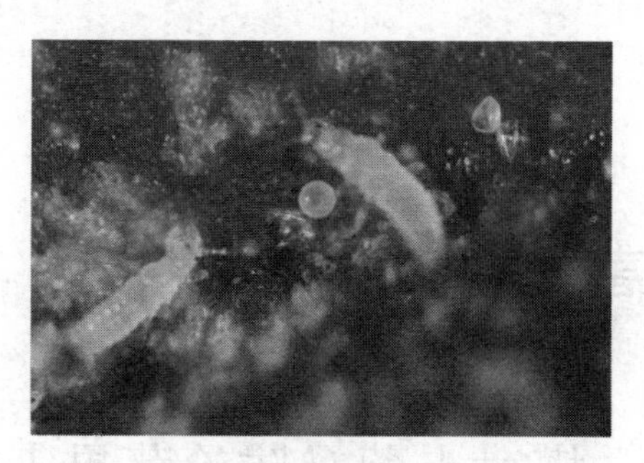

塔六点蓟马防治苹果害螨

4. 技术效果

可有效减少 3 次以上杀螨剂使用。

5. 适宜地区

适宜于全国苹果产区。

6. 注意事项

释放天敌期间禁止使用广谱性杀虫剂。

（撰稿人：陈汉杰）

第二节　苹果黄蚜精准快速选药技术

1. 针对问题

推荐采用自主研发的选药试剂盒能快速测定施药地区苹果黄蚜对该种药剂有无抗性，并粗略估计抗性水平，在此基础上确定农药的最佳施用剂量和苹果黄蚜防治对策，有效提高了化学药剂防治苹果黄蚜的针对性、科学性、高效性。

2. 技术要点

在田间喷施啶虫脒或联苯菊酯防治苹果黄蚜前，先选用啶虫脒、联苯菊酯选药试剂盒测定苹果黄蚜对两种药剂的敏感性。该选药试剂盒是在室内测定啶虫脒、联苯菊酯两种杀虫剂对苹果黄蚜的毒力基础上，采用玻璃管药膜法制备完成的。其中，两种选药试剂盒对苹果黄蚜的区分剂量浓度分别为 0.19 毫克/升（LC_{60}）和 1.3 毫克/升（LC_{80}）；最佳贮藏温度和贮藏期为 4℃和 20 天；最佳检测时间为 1 小时。每个试剂盒包括 5 支药膜玻璃管和 5 支对照玻璃管。具体方法是在施药前，将制备好的选药试剂盒带到田间，用毛笔将大小一致的健康无翅的苹果黄蚜成蚜轻轻扫入选药试剂盒玻璃指形管中，每管 20 头，然后使用纱布、橡皮筋封口后平放。每次测试 5 个重复。

1小时后检查每管试虫死亡数，计算平均死亡率。若啶虫脒和联苯菊酯两种选药试剂盒平均死亡率分别大于60%、80%，则判断两种药剂为苹果黄蚜的敏感药剂，可优先合理使用；若小于60%、80%，则为低敏感药剂，应该用其他敏感度较高的药剂。

3. 技术效果

利用苹果黄蚜选药试剂盒，能够在2小时内快速检测该虫对啶虫脒和联苯菊酯两种药剂的敏感性。苹果黄蚜防治效果提高30%以上，化学农药使用次数减少1～2次，农药使用量减少20%。

4. 适宜地区

适宜于山西苹果、梨等果园中苹果黄蚜的防治。

5. 注意事项

（1）苹果黄蚜其他果区采用选药试剂盒方法选择防治药剂时，应在室内重新确立当地种群的区分剂量。

（2）选药试剂盒应室温避光干燥保存，以保证其有效。

（撰稿人：范仁俊、刘中芳、高越）

第三节　果树食心虫监测及防控技术

1. 针对问题

针对果树食心虫的危害具有看不到、摸不着、防不好、寄主多等特点，提出根据果树食心虫的生物学习性，抓住关键防控点、提高监测水平、升级监测设备、准确掌握食心虫的防治关键期，达到精准高效防控的目的。

2. 技术要点

（1）提高监测水平，升级监测设备

果园设置食心虫性诱监测点，一家一户的选择1块有代表性的果园，1亩地均匀设置诱捕器4～5个，悬挂于果树的背阴面距离地面1.5米左右，诱捕器间距应在30米以上，诱芯每月更换一次，规模化种植的果园或大型种植户可设置食心虫远程智能测报系统。一个园片设置1个就可。

（2）利用食心虫生物学习性

利用食心虫以老熟幼虫在枝干裂缝、老翘皮、树盘下地面越冬，翌年花后越冬幼虫出土受降雨的影响，一般在开花后有效降雨（10～30厘米）后的24天左右越冬幼虫出土，而后陆续出现成虫的习性，抓住防治关键点。

（3）重视3个防治关键点

一是重视休眠期果园的清洁与防治，刮除老翘皮及树上的病残果，降低越冬虫源数量；清明节前喷 3～5 波美度石硫合剂进行防治。二是花后用辛硫磷颗粒剂在树盘下地面防治，土壤墒情好的果园可以选用白僵菌、昆虫病原线虫进行地面防治。三是诱集到的越冬代成虫高峰期后推 5～7 天进行防治，间隔 7～10 天防治第二次，其他世代后推 4～5 天进行药剂防治。

（4）推荐喷雾药剂

氯虫苯甲酰胺、拟除虫菊酯类农药，使用浓度可根据产品说明和本地的用药情况酌情选择。

3. 技术图片

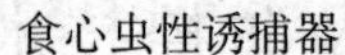

食心虫性诱捕器　　食心虫远程智能测报系统

4. 技术效果

可大幅度降低食心虫的危害，防治效果达到 90%以上。防治食心虫的同时可兼治其他害虫。

5. 适宜地区

适宜于山东省苹果园。

6. 注意事项

（1）确保诱芯在有效期内使用。

（2）使用生物药剂的果园注意土壤保墒。

（3）建议交替使用不同类型的药剂。

（撰稿人：李丽莉）

第四节　释放赤眼蜂防治鳞翅目害虫技术

1. 针对问题

针对当前我国苹果园食心虫（梨小食心虫、桃小食心虫等）和卷叶虫（苹小卷叶蛾、金纹细蛾等）防治主要依靠化学药剂问题，在性诱剂预测预报的基础上，于成虫产卵高峰期释放赤眼蜂，可有效控制此类害虫为害，减少化学药剂用量，提高苹果质量。

2. 技术要点

（1）释放时间

利用性诱芯进行监测，当开始连续诱集到鳞翅目害虫成虫且每个诱捕器平均每天诱集量达 3～5 头时，即为第一次释放赤眼蜂的时间。4 月中旬随机将带有食心虫性诱芯的三角形诱捕器用细铁丝固定在苹果树外围枝干，距地面 1.5 米，每 30 天更换一次性诱芯，每亩苹果园悬挂 5 个食心虫性诱芯装置。每天进行一次调查，记录诱集到的苹果食心虫成虫数量，并清除粘虫板上的成虫，每 10 天更换一次粘虫板。当连续诱集到食心虫成虫，平均每个诱捕器每天诱到 3～5 头时，即为食心虫成虫羽化初盛期和产卵初期，此时开始释放赤眼蜂。

（2）释放方法

苹果园释放的赤眼蜂以松毛虫赤眼蜂、螟黄赤眼蜂和玉米螟赤眼蜂为主，根据苹果园内成虫发生数量确定释放赤眼蜂数量。一般每次放蜂数量为 2 万～3 万头/亩，分别于成虫羽化高峰期后第 2 天、第 6 天、第 10 天释放 3 次。蜂卡挂在果树中部略靠外的叶片背面，或用一次性纸杯等制成释放器以遮阳、挡雨。间隔 3～5 株果树悬挂 1 张蜂卡。

（3）配套技术

赤眼蜂等天敌释放措施，可与果园生草、悬挂性诱剂以及果实套袋等措施配合使用。果园自然生草或间种紫花苜蓿、毛苕子、紫苏等，改善果园生态环境，增加天敌数量。在鳞翅目害虫发生之前进行果实套袋，可有效防止钻蛀食心类害虫为害果实。

3. 技术图片

悬挂带有食心虫性诱芯的三角形诱捕器进行监测

释放赤眼蜂

4. 技术效果

减少生长季节鳞翅类防治用杀虫剂使用2～3次，未套袋苹果食心虫蛀果率接近零。

5. 适宜地区

适宜于国内各苹果主产区，尤其是不套果袋园区。

6. 注意事项

（1）赤眼蜂蜂卡应就近从正规厂家购买，并及时释放，避免长途运输和长期存放。10～12℃可保存7天左右。

（2）释放前后一周内果园禁止喷施化学农药，避免化学农药影响赤眼蜂孵化率。

（3）释放赤眼蜂要避免极端天气影响，遇暴风或暴雨天气适当延迟放蜂时间。

（撰稿人：刘永杰、董民、张硕、刘锦）

第五节　腐烂病监测预警技术

1. 针对问题

苹果树腐烂病生产上只能依赖发病后刮除病斑的被动治疗办法，投入大、效果差。其根本原因是对病害周年发生规律掌握不清，导致生产上缺乏有效的监测预警技术体系。针对以上问题，科研人员开发了分生孢子传播监测技术和果树无症带菌分子检测技术，形成了可用于指导苹果树腐烂病预防的监测预警技术。

2. 技术要点

（1）分生孢子传播监测技术

苹果花瓣露红期，在待检果园距地面1.5米高度处悬挂涂有甘油的载玻片或分生孢子捕捉器，每亩五点法布置5个。悬挂24小时后取回镜检。16×40倍显微条件下，平均每视野大于1.0个孢子时说明田间菌源量已经达到防控阈值，需采取保护措施。每隔7天重复监测一次，直至落花后期。

（2）果树无症带菌分子检测技术

采用五点取样法，对待测果园5棵树的一年生枝条进行检测。每棵果树东、南、西、北、中方位各选取一枝，每枝取树皮组织1厘米^2。提取DNA后，基于建立的巢氏PCR技术（灵敏度高达1×10^{-13}克/微升，专化性强，能准确区分Valsa属不同种以及其他病菌），利用苹果树腐烂病病菌特异性引物进行扩增。出现条带，表明该样品已经被病菌侵染。当果园“健康树体”无症带菌率超过5%时，应采取相关措施控制或延缓病菌进一步侵染扩展危害。

3. 技术效果

该技术在陕西省乃至全国多个苹果主产区应用多年，灵敏度和准确率较高。

4. 适宜地区

适宜于陕西、甘肃、山东等苹果主产区。

5. 注意事项

该技术操作具有专业性，并需要专业仪器设备，可用于农技推广部门开展病害监测预警，并根据监测结果进行病情预测发布，指导广大果农进行病害预防。

（撰稿人：黄丽丽、冯浩）

第六节　树体氮、钾营养平衡防控腐烂病技术

1. 针对问题

腐烂病在我国北方地区普遍发生，前期研究发现，田间腐烂病发生与树体钾水平显著负相关，控氮提钾可明显改善苹果树势，提高树体对腐烂病的抗性水平，降低腐烂病的发生率。

2. 技术要点

（1）氮、钾营养水平指标

以叶钾含量为指标，7月下旬到8月上旬为测定时期，树体叶片的钾水平应不低于1.2%，叶片的氮钾比应小于2.5。

（2）施肥方案

针对黄土高原地区树体氮素超标、钾元素欠缺的普遍状况，提出控氮提钾的施肥策略。同时，应多施有机肥、生物肥，改善土壤理化性质，促进钾营养吸收。以下为推荐方案，果园可根据叶营养水平做针对性调整。

根施：5月中旬每株穴施腐殖酸复合肥2千克+硫酸钾1千克，海藻酸复合肥1升；7月中旬（膨大期前）施用硫酸钾2千克；8月下旬施用腐殖酸复合肥2千克。

根外追肥：6～8月叶面喷施5～7次0.3%磷酸二氢钾溶液，在每次喷施农药时施用；采果后（10月中下旬）叶面喷施1～2次高浓度（3%）磷酸二氢钾溶液。

其他措施：起垄覆膜；简易滴灌，在春季、夏季干旱时滴灌2～3次，每次灌水3～4米^3。按常规措施做好腐烂病的物理、化学防控。

3. 技术效果

腐烂病的发生率明显降低，平均下降约40%。

4. 适宜地区

适宜于黄土高原产区。

5. 注意事项

（1）树体叶营养分析

苹果树体钾含量存在周年动态变化，叶营养分析材料应来自7月下旬到8月上旬的树体。叶片采集应有代表性，每棵树不同方向分别采集，不少于20片。

（2）施肥

施肥方案应根据叶营养分析结果做适当调整，钾肥应购买自正规厂家，保障质量。

（3）常规防控

做好剪锯口和病斑的涂药保护，冬季做好冻害预防，生长期对叶部病害防治时兼顾树干。

（撰稿人：梁晓飞、朱明旗、孙广宇）

第七节 腐烂病综合防控技术

1. 针对问题

苹果树腐烂病在我国苹果主产区发生严重。由于对病害了解不够深入，只能采取以刮治为主的被动治疗技术，无法从根本上控制病害。同时，刮治过程耗费人工且用药量大，对环境危害较为严重。基于对苹果树腐烂病病菌周年传播、侵染、致害规律等重大理论新发现，生产上研发出了以夏季涂干为核心结合修剪防病的综合防控技术。

2. 技术要点

在理论新发现的基础上，提出“毁残体、阻入侵、止扩展”的防病新策略，建立以压低菌源基数和提高树体抗病力为基础，以保护枝干和剪锯口预防病菌入侵为重点，及时刮治病斑的综合防治技术。

（1）农业防治

①清除侵染源，搞好果园卫生。修剪的枝干、树梢等集中存放，喷药杀菌并覆盖薄膜防止病菌滋生和传播。及时剪除病枯枝和干桩，刮除粗老翘皮，彻底清扫枯枝落叶等，并集中烧毁或深埋。

②根据各地情况，在不误农时前提下，改冬剪为春剪，避开寒冬对修剪伤口造成的冻害；在阳光明媚的天气修剪，避开潮湿（雾、雪、雨）天气；对较大剪口和锯口进行药剂保护，可涂甲硫萘乙酸或腐殖酸·铜。

③合理负载，科学水肥。因树定产，病弱树适当降低挂果量。根据降水情况和墒情，适时灌水，春灌秋控。提倡秋施肥，每亩施腐熟有机肥 3～4 米^3＋菌肥 70～100 千克。

（2）抗病性诱导

萌芽期根施生物菌肥一次，果树开花前、果实膨大期叶面喷施氨基寡糖素等免疫诱抗剂各一次，激活树体抗病力。

（3）药剂防治

①枝干淋刷药剂。幼果期选用戊唑醇或噻霉酮或吡唑醚菌酯或香芹酚等药剂，涂刷或淋刷树干、大枝 1～2 次。对易发生冻害的地区，提倡冬季对树干及主枝涂白，于入冬前果实采收完毕后及时涂刷。

②树体喷药。苹果萌芽前（3 月）和落叶后（11 月），全树喷施具有治疗作用的广谱性杀菌剂，如戊唑醇、吡唑醚菌酯、代森胺、甲基硫菌灵等，树干、大枝、枝杈处等重点部位一定要喷施周到。同时，做好生长期褐斑病、斑点落叶病、锈病、叶螨、金纹细蛾等病虫的防治，防止果树提早落叶而削弱树势。

③刮治病斑，桥接复壮。发现病斑及时刮除，病斑刮面要大于患处，边缘要平滑，稍微直立，利于伤口的愈合。将病斑刮净后，要及时涂药，如甲硫萘乙酸、腐殖酸·铜、菌泥（如木美土里菌肥与黏土按 1∶3 和成泥）、甲基硫菌灵、噻霉酮等。面积超过树干 1/4 的大病斑，要及时桥接复壮。

3. 技术图片

腐烂病症状

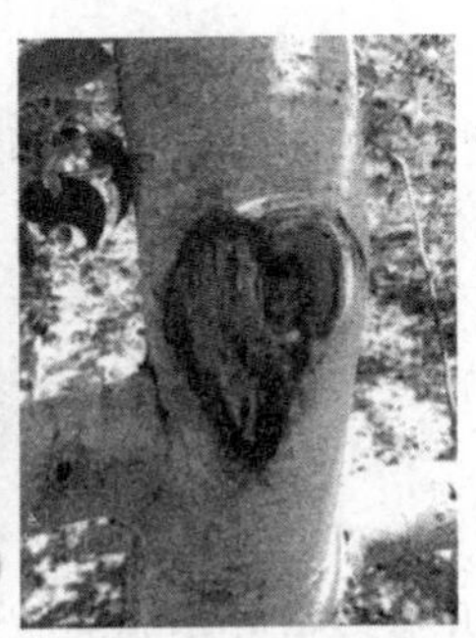

刮治后涂药

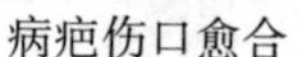

病疤伤口愈合　　　　菌泥包扎刮治伤口

4. 技术效果

该技术以预防为主，综合防控效果达 85%以上，危害损失率控制在 10%以内。通过用高效低毒杀菌剂替代高毒杀菌剂，减少了农药用量 30%以上。新发腐烂病斑大量降低，后期病斑治疗的劳动力投入也随之大幅下降。

5. 适宜地区

适宜于全国苹果产区。

6. 注意事项

集中连片果区要统一技术、统一指导，以保证技术体系的特效性和持效性。另外，由于不同产区的苹果树物候期对应的月份不一样，不同产区应根据本地的物候期相应调整时间。

（撰稿人：黄丽丽、曹克强、冯浩、王树桐、李萍、胡同乐）

第八节　炭疽叶枯病防控技术

1. 针对问题

针对苹果炭疽叶枯病防治中出现的药剂使用不当、施药针对性不强、关键时期掌握不好、防效较差的问题，提出了以波尔多液和吡唑醚菌酯配合使用防控炭疽叶枯病的技术模式，科学制定施药时期、施药剂量，保证在农药减施的背景下获得理想的病害防控效果。

2. 技术要点

以嘎拉、秦冠、美 8、美 6、乔纳金、元帅等品种作为主栽品种的果园，可以参照如下方案开展炭疽叶枯病的防治。

（1）每年在当地的雨季到来前（一般为 6 月下旬到 7 月上旬），全园喷施一遍 1∶2∶200 波尔多液或 80%波尔多液 WP 2 000 倍液。

（2）在喷施波尔多液后 15～20 天（根据果园炭疽叶枯病是否发生，以及是否有大雨及以上级别的降雨来确定），喷施 30%吡唑醚菌酯悬浮剂（凯靓，星牌作物科学有限公司）2 000～3 000 倍液。如果期间有较大降雨或连阴雨天气，则在此次喷药后 7 天左右在雨后补喷一遍 30%吡唑醚菌酯悬浮剂 1 000～2 000 倍。

（3）在使用吡唑醚菌酯后 7～10 天（时间约在 7 月下旬到 8 月初），喷施第二遍 1∶2∶200 波尔多液或 80%波尔多液 WP 2 000 倍液。

（4）在摘袋后（不套袋果园在采收前 15～20 天）喷施一遍 30%吡唑醚菌酯悬浮剂 2 000 倍液，喷药后 15 天左右即可采收。

3. 技术图片

对照区

技术处理区

4. 技术效果

该技术对炭疽叶枯病在叶片上的防效达到 80%～95%，在果实上的防效达到 84.4%～100%。生长季杀菌剂折纯总投入只有 250 克/亩，比传统技术农药用量减少 50%以上。

5. 适宜地区

主要适宜于环渤海种植区，尤其是山东和河北苹果产区。陕西等黄土高原产区可以参考。

6. 注意事项

针对苹果炭疽叶枯病的防治，建议只以吡唑醚菌酯为主效成分的杀菌剂与 1∶2∶200 波尔多液交替使用。不可用戊唑醇、咪鲜胺、多抗霉素等杀菌剂替代吡唑醚菌酯，不建议吡唑醚菌酯与戊唑醇等唑类杀菌剂混配使用。

（撰稿人：王树桐）

第九节　霉心病高效化学防控技术

1. 针对问题

苹果霉心病是元帅系和富士系苹果上重要的果实病害，该病主要从花期开始侵染，苹果开花后至果实萼筒关闭前是病菌侵染的集中时期，也是化学防控的关键时期，在此阶段施药，可提高药剂与靶标的有效接触，有效减少初侵染概率，降低病果率。

2. 技术要点

苹果盛花期至落花后幼果萼筒尚未关闭之前（一般在中心花开放70%以上至落花后1～2周内）喷施1～2次杀菌剂，可选用药剂：10%多氧霉素可湿性粉剂稀释1 500～2 000倍液、3%中生菌素可湿性粉剂稀释1 000～1 200倍液、68.75%易保水分散粒剂稀释1 000～1 200倍液、60%百泰水分散粒剂稀释1 000～1 500倍液、50%朴海因可湿性粉剂稀释1 000～1 500倍液、吡唑醚菌酯、丁香・戊唑醇等杀菌剂。

为了提高坐果率和防治效果，喷施上述杀菌剂时可混合喷施硼肥（施用浓度参考产品说明）和碧护（0.136%赤吲乙芸薹）10 000倍液，以及安融乐（助剂）5 000倍液。不仅利于提高药效，还可提高坐果率和增大果个。元帅系品种为了促进果形高桩和五棱突出，可加用3.6%宝丰灵（苄氨嘌・赤霉素）350倍液。

3. 技术效果

有效减轻病菌侵染，防控效果达80%以上，防治该病的农药使用量减少30%左右，产量提高10%以上。

4. 适宜地区

适宜于所有苹果产区的元帅系和富士系品种。

5. 注意事项

据试验，上述杀菌剂在花期喷施无药害现象，不影响苹果正常坐果，但由于是花期喷药，为避免对传粉昆虫的不良影响并提高药效，喷药时间宜选择在早晨和傍晚，药剂浓度和药液用量要适量，喷施要均匀。

（撰稿人：呼丽萍、郭志刚）

第十节　锈果病减药增效防控技术

1. 针对问题

苹果锈果病是苹果树的“癌症”，一般多为零星发生，有的果园病株率高达10%以上。长期以来，生产上没有特别有效的防治措施进行防治。

2. 技术要点

利用青霉素和土霉素作为防治苹果锈果病的主要药剂，采用以下两种方法进行。

（1）青霉素枝干敷药法

将患锈果病树体的主干和枝干树皮纵向切剥成“∩”形，大小为（7～8）厘米×（5～6）厘米小口，各剥两处，用脱脂棉或1.5厘米厚度的海绵等容易吸收液体的物质蘸取200毫克/升青霉素后敷贴于剥起的树皮下，然后伤口先用保鲜膜缠封，再用胶带缠封，一个月后进行第二次防治。用药量为每棵树3～5克脱脂棉吸收浓度为200毫克/升青霉素药液69～115克（重量）。

（2）青霉素或土霉素根系吸收法

在锈果病发病树体树冠外缘正下方，于东、南、西、北四个方向各挖一个坑，找出直径为0.8～1.2厘米的根系，插入装有500毫升浓度为150毫克/升青霉素或300毫克/升土霉素药液的瓶子底部，用保鲜膜封口，盖土，一个月后进行第二次防治。每处理一棵树需2升浓度为150毫克/升的青霉素溶液，即300毫克青霉素，即可完全被树体吸收。

3. 技术图片

纵向切剥成“∩”形

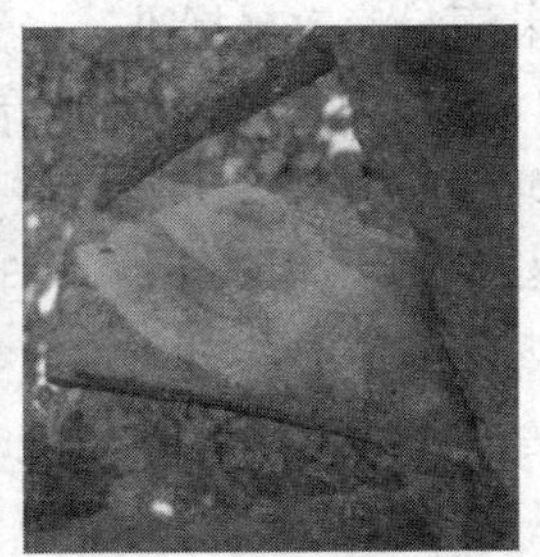

青霉素敷贴于树皮下

胶带缠封

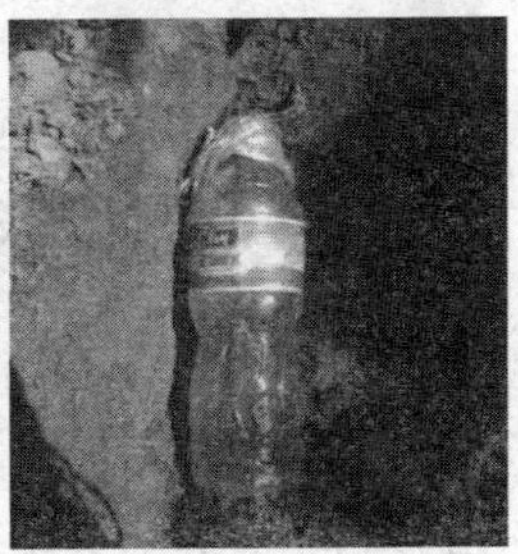

根系吸收法

4. 技术效果

采用青霉素枝干敷药法防治，施药2次后防效为55.61%，可食用果比例达到59.84%，防治效果接近苹果锈果病治疗效果Ⅱ级（分级标准见注意事项）；采用青霉素或土霉素根系吸收法防治，施药2次后防效分别为65.29%和54.28%，可食用果比例分别达到68.63%和58.67%，防治效果接近或达到苹果锈果病治疗效果Ⅱ级。以上两种方法用药量均减少30.5%～35.8%。

5. 适宜地区

适宜于苹果所有主产区。

6. 注意事项

（1）采用青霉素枝干敷药法进行锈果病的防治时，刀具一定要消毒，否则会带入新的病菌；切剥的伤口不能过大，以（7～8）厘米×（5～6）厘米为宜，否则会影响韧皮部输送养分；蘸取药剂时最好要用灭菌的脱脂棉，便于更好地吸收药剂；药剂敷贴后，伤口需要用防水材料密封起来，以防造成病菌从伤口侵入。

（2）采用青霉素或土霉素根系吸收法进行苹果锈果病的防治时，最好将根系插入瓶底，使其能够充分吸收药剂，且密封瓶口，以免药剂从瓶口溢出造成药剂浪费。

（3）苹果锈果病治疗效果标准

Ⅰ级（痊愈）：苹果锈果病树经治疗后，全树无明显病果，且连续2年未复发，即认为苹果锈果病树经治疗后痊愈；Ⅱ级（显著效果）：苹果锈果病树经治疗后，全树有60%的果实可食，且由裂果型向花脸型转变，花脸型向好果转变，果径显著增大，即认为治疗有显著效果；Ⅲ（有效）：苹果锈果病树经治疗后，全树有30%的果实可食，即认为有效。

（撰稿人：徐秉良、薛应钰、张树武、刘佳）

第十一节　苹果园主要病虫害防治指标及其应用

1. 针对问题

为了有效提高农药效率，在保证防治效果的基础上有效减少农药使用量，防止盲目喷药，滥用农药，收集苹果病虫害相关防治指标及经济阈值研究成果，并根据生产实际情况，汇集成苹果园主要病虫害的防治操作指标。

2. 技术要点

苹果主要病虫害防治指标及应用说明

害虫种类	防治指标	使用说明
桃小食心虫	1. 卵果率0.5%； 2. 地面处理：诱捕器诱到第一头成虫； 3. 树上防治：诱捕器平均每天诱到5头成虫/器	上一年发生严重，采果期虫果率在5%以上，需要越冬代地面处理，用诱捕器监测到第一头成虫，开始地面施药 生长期诱捕器监测，平均每天每个诱捕器诱到5头成虫，开始查卵，卵果率在0.5%以上，开始喷药
金纹细蛾	1. 落花后至麦收前，平均1头活虫/百叶； 2. 麦收后5头/百叶； 3. 7～9月，8头/百叶以上	推荐使用昆虫生长调节剂类药剂，在成虫羽化初期喷药
苹果黄蚜	50%虫梢率	根据天敌数量，指标可以灵活掌握，新梢停长期可不用防治
苹果绵蚜	10%剪锯口受害	根据发生情况，可以挑治
山楂叶螨 苹果全爪螨	1. 落花后平均螨1头/叶； 2. 麦收前2头/叶； 3. 麦收后无天敌3头/叶，有天敌5头/叶	麦收前以调查内膛叶片为主，麦收后随机取叶
二斑叶螨	同上	同上
苹小卷叶蛾	5%虫梢率	新梢调查
苹果球蚧	10%虫枝率	调查2年生枝条
苹果褐斑病 炭疽叶枯病	5毫米以上降雨（叶片保持湿润5个小时以上）	根据天气打药
苹果轮纹病	10毫米以上降雨（枝干保持湿润9个小时以上）	根据天气打药

苹果主要病虫害发生期及重点关注阶段（黄土高原产区）

	3月			4月			5月			6月			7月			8月			9月			10月			11月		
	上	中	下	上	中	下	上	中	下	上	中	下	上	中	下	上	中	下	上	中	下	上	中	下	上	中	下
		萌芽期	花蕾期	初花期	盛花期	谢花期	生理落果	新梢生长	麦收前	麦收后	膨果期	膨果期	2次新梢	膨果期					成熟期								
叶片调查	生长季调查																						越冬调查				
山楂叶螨		→		–	–	–	●	●	●	●	●	●	–	–	–	–	–	–	–	–	–	–	–				▲
苹果全爪螨			→		●	●	●	●	●	●	–	–	–	–	–	–	–	–	–	–	–	–	–				▲
二斑叶螨	地面活动				–	–	–	–	→	●	●	●	●	●	●	–	–	–	–	–	–	–	–				▲
金纹细蛾		→		–	–	–	–	–	●	●	●	●	●	●	●	–	–	–	–	–	–	–	–				▲
褐斑病			→		–	–	–	●	●	●	●	●	●	●	●	●	●	●	●	●	–	–	–				
新梢调查																											
黄蚜梢数			→		–	●	●	●	●	–																	▲
苹小卷叶蛾			→		–	●	●	–	–	–	–	–	–	–	–	–	–	–	–	–	–	–	–	▲			
黑绒金龟子			●	●	–	–	–	–	–	–	–	▲															
苹毛金龟子				●	●	–	–	▲																			
铜绿金龟子									●	●	●	▲															
白粉病梢			→		●	●	●	●	●	–	–	–	–	–	–	–	–	–	–	–	–	–	–				▲
炭疽叶枯病梢								→	●	●	●	●	●	●	●	●	●	●	●	–	–	–	–				
枝干、果实调查					→																						
霉心病				→	●	●	●	●	–	–																	
苹果绵蚜			→		●	●	●	●	●	●	●	●	●	●	–	–	–	–	–	–	–	–	–	–	–	●	
苹果球蚧	→	●	●	–	–	–	–	–	–	●	●	▲															
桃小食心虫								→	●	●	●	●	●	●	●	●	●					▲					
梨小食心虫			→		–	–	–	●	●	●	●	●	●	●	●	●	●	●	●	●	●	▲					

注：起始期 →；重点关注期●；一般关注期–；终止期▲。

3. 技术效果

依据科学调查结果结合防治指标进行施药，平均每生长季可减少农药使用次数2次以上，减少化学农药使用30%以上。

4. 适宜地区

防治指标可应用于全国苹果产区，苹果主要病虫害发生期及重点关注阶段可应用于黄土高原产区。

（撰稿人：陈汉杰）

第十二节　苹果树抗病性诱导技术

1. 针对问题

苹果对病原微生物侵染具有潜在抗性。研究表明果树经过适当诱抗剂处理之后，抗病相关基因能够得到显著诱导表达从而提升寄主植物的抗病性。

2. 技术要点

果树开花前、幼果期和果实膨大期，按照说明书的建议使用浓度，叶面喷施氨基寡糖素、寡糖·链蛋白、壳寡糖等植物诱抗剂1～2次或涂刷树干一次。同时，在果树萌芽期按照商品建议量，根施生物菌肥一次。

3. 技术效果

技术防效65%左右。该技术与其他病害防控措施结合使用，能够有效促进化学药剂的减施增效，综合技术应用后化学药剂每年减少约30%。此外，该技术还可以调节植物生长，促进植物生长，有效提高果品产量和品质。

4. 适宜地区

全国苹果栽培区均可熟化应用。

5. 注意事项

合理选择免疫诱抗剂，特别是植物生长调节剂，注意使用浓度，以免造成不良反应。同时，注意部分诱抗剂不能与强酸、强碱性农药混用。此外，应加强栽培管理，壮树防病。

（撰稿人：黄丽丽、冯浩）

第十三节　苹果园组合生草吸引与繁育天敌技术

1. 针对问题

针对目前我国苹果害虫防治过程中过度依赖化学农药，严重杀伤自然天敌，导致害虫产生抗药性等突出问题，通过以在苹果园建立自然生草为主，适当人工补充显花植物为辅的生态系统，形成自然天敌栖息和繁育的优良环境，发挥自然天敌控制苹果主要害虫的目的。

2. 技术要点

根据目前我国苹果园管理现状，采用园内混合生草的模式，即在果树行间人工撒播两行紫花苜蓿，每亩苹果园需种子 0.5 千克；果树株间开阔地和果园边缘人工撒播长柔毛野豌豆，每亩苹果园需种子 0.5～1 千克；果树行间人工点状种植少量孔雀草和万寿菊，每亩苹果园需种子 100～200 克；同时保留果园内部分水肥消耗较少的自然杂草。全年生草格局为紫花苜蓿＋长柔毛野豌豆＋孔雀草＋万寿菊＋部分自然生草。

为提高种子出苗率，紫花苜蓿和长柔毛野豌豆均采用秋播，即前一年秋季 9～10 月播种，当年春季根据出苗情况适时补种。孔雀草和万寿菊于当年 5 月中旬种植，用少量自然杂草覆盖以保持土壤湿度，提高出苗率。自然杂草春季任其生根发芽，5 月上旬人为去除与果树强烈争夺肥水的草种，留下无木质化茎或仅能形成半木质化茎、水肥消耗较少、适应性广的草种，主要种类有打碗花、狗尾草、马唐、荠菜、小飞蓬等。

生长季节适时浇水，保持生草长势。雨水丰富的月份减少浇水次数，干旱时适当增加浇水次数。生长季节适时刈割，紫花苜蓿和长柔毛野豌豆秋播草种当年不进行刈割，自然生长越冬后进入常规刈割管理，全年刈割 1～2 次，留茬高度 15～20 厘米。自然杂草根据长势适时刈割，一般刈割 2～3 次，留茬高度 20～30 厘米。

3. 技术效果

果园内瓢虫、草蛉、食蚜蝇、寄生蜂等天敌的全年发生数量增加 1 倍以上；生长季节果园在不喷施杀虫杀螨剂的前提下，蚜虫、害螨、卷叶虫等害虫的发生数量减少 50％以上，当害虫发生数量超过防治指标时，可喷施选择性杀虫剂如吡蚜酮、螺虫乙酯、灭幼脲等，既可控制害虫为害，又不杀伤自然天敌。全年果园减少杀虫剂用量 65％以上。

4. 适宜地区

适合所有苹果主产区。

5. 注意事项

苹果园严格控制使用杀虫杀螨剂的种类和次数。

（撰稿人：刘永杰、张硕、刘锦）

第十四节　苹果园病虫害全程生物农药防控技术

1. 针对问题

人们对农产品安全的要求越来越高，但生产中病虫害防治，特别依赖于化学农药。果品残留超标、果园生态环境破坏、病虫害抗药性增强等现象时常发生。因此，全程采用生物农药防治技术，对降低化学农药使用量、保障果品安全具有重要意义。

2. 技术要点

根据苹果不同物候期主要病虫害发生规律和各种生物农药的防治范围、使用时间、持效期等特性，合理选择一种或多种用于防控不同物候期的病虫害，实现苹果病虫害全程农药减施增效。

具体用药方案如下：

防治时间	防治对象	生物农药全程防控用药种类
休眠期至萌芽前 12月至翌年3月上旬	越冬病虫害：腐烂病、干腐病、枝干轮纹病、斑点落叶病、叶螨类、蚜虫类、蚧壳虫等	修剪，刮治腐烂病，腐殖酸·铜涂抹病疤；3～5波美度石硫合剂喷雾
花露红期 4月上中旬	腐烂病、干腐病、枝干轮纹病、霉心病、蚜虫类、卷叶蛾、叶螨、金龟子、蚧壳虫等	10%多抗霉素可湿性粉剂1 000倍液、100亿CFU/克枯草芽孢杆菌可湿性粉剂600～800倍液、0.5%大黄素甲醚水剂500倍液、99%矿物油150倍液、5%香芹酚水剂500～600倍液
落花后套袋前 4月下旬至6月中旬	卷叶蛾、金纹细蛾、桃小食心虫、轮纹病、褐斑病、黑点病等	10%多抗霉素可湿性粉剂1 000倍液、1%中生菌素水剂300倍液、80%乙蒜素乳油800～1 000倍液、0.6%苦参碱水剂1 000倍液、7.5%鱼藤酮水剂600倍液、5%香芹酚水剂500～600倍液、100亿孢子/克白僵菌粉剂3 000倍液、100亿个芽孢/毫升苏云金杆菌乳剂1 000倍液
套袋后幼果期 6月至7月	褐斑病、斑点落叶病、轮纹病金纹细蛾、卷叶蛾、食心虫等	倍量式波尔多液200倍液、100亿个芽孢/毫升苏云金杆菌1 000倍液乳剂、0.6%苦参碱水剂1 000倍液

（续）

防治时间	防治对象	生物农药全程防控用药种类
果实膨大期至成熟采收期8月至10月	卷叶蛾类、金纹细蛾、褐斑病、轮纹病、腐烂病	0.6%苦参碱水剂1 000倍液、7.5%鱼藤酮水剂600倍液
采收后11月中下旬	各种越冬病虫害	3～5波美度石硫合剂喷雾

3. 技术效果

全程采用生物农药对苹果园苹果黄蚜、红蜘蛛、褐斑病的防效分别在89.04%、79.8%和88.62%，对苹小卷叶蛾、金纹细蛾、斑点落叶病等其他病虫害的防效也均在70%以上，各种防效均等同或高于化学农药，可完全替代化学农药，实现化学农药减量100%。

4. 适宜地区

适宜于陕西、甘肃、山东、山西、河北、河南等苹果主产区。

5. 注意事项

植物源、矿物源、生物源农药作用较慢，用药时间需要比化学农药提前3～4天。套袋后用药次数应根据病虫害种类、危害程度、降雨情况等进行调整。

（撰稿人：范仁俊、刘中芳、高越、张鹏九）

第十五节　苹果园农药精准高效使用技术

1. 针对问题

生产中病虫监测不系统、药剂种类难选择、防治适期难把握、药剂混配不合理、施药器械不得当等现象普遍存在，并严重制约农药的高效、减量使用。该技术模式针对以上问题进行集成，实现化学农药的精准、高效、减量使用。

2. 技术要点

科学监测＋明确对象＋找准适期＋精准选药＋合理器械。

（1）科学病虫监测

密切关注果园内病虫害的发生，可依据当地果树生长周期，结合农事操作开展病虫害监测。其中害虫的监测方法可参考NY/T 3417—2019《苹果主要害虫调查方法》。

（2）明确防治对象

监测过程中，在树体的枝、干、叶、果等部位发现病虫为害时，需根据树体受害状特点和病虫形态进行病虫种类诊断。诊断依据可关注并参考手机微信公众号“苹果化肥农药双减”。

（3）找准用药适期

关于发生规律和施药适期的确定也可参考微信公众号“苹果化肥农药双减”中关于《苹果病虫害发生规律和防治适期图谱》的相关内容。

主要病虫的药剂防治适期可参考下表。

苹果主要病虫害药剂防治适期和方法

病虫害名称	用药适期和方法
腐烂病	刮治适期：一般在春秋两季进行病斑刮除，并涂抹药剂，春季刮治宜在树体休眠结束后进行； 生长季用药适期：落叶后初冬和萌芽前。重病果园1年2次用药，轻病果园1次用药即可，一般落叶后比萌芽前喷药效果好
干腐病	刮治适期：时期和方法参考腐烂病； 生长季用药适期：一般发芽前喷施1次铲除性药剂
轮纹病	刮治适期：发芽前刮除枝干病瘤，轻刮，表面硬皮刮破即可，然后涂药； 生长季用药适期：发芽前全园喷施铲除性药剂。果实轮纹病一般从苹果落花后7～10天开始喷药，套袋苹果至套袋后，不套袋苹果至8月底或9月上旬，具体喷药时间视降雨情况而定，尽量雨前施药，若雨后施药需在2～3天内进行，雨多多喷，雨少少喷，无雨不喷
炭疽病	用药适期：果树发芽前，全园喷铲除性药剂。生长季一般从落花后7～10天开始喷药，10～15天一次，至果实套袋。不套袋果园则需喷药至采收前，具体喷药时间可结合果实轮纹病防治
白粉病	一般在果园萌芽后开花前和落花后各喷药1次，严重果园需在落花后10～15天再喷药1次
斑点落叶病	用药适期一：春梢期喷药始于落花后，10～15天喷施1次，施药2～3次；用药适期二：秋梢期视降雨情况，在雨前喷保护药剂，一般施药2～3次
褐斑病	用药适期：根据当地雨季时间，参考病害发生档案，在历年发病前10天左右开始喷药，第一次喷药一般始于6月上旬，10～15天喷施1次，施药3～5次。套袋园在套袋前喷1次，套袋后喷2～4次
炭疽叶枯病	雨季时根据天气预报在雨前喷药防病，特别是将要出现连阴雨时尤为重要，10～15天喷施1次，保证每次出现2天的连阴雨前叶片表面都要有药剂保护
锈病	往年严重果园，在展叶至开花前、落花后及落花后半月左右各喷1次，不严重果园可结合防治其他病害进行兼治
桃小食心虫	往年严重果园，在发现越冬幼虫开始出土时进行地面喷药，喷药结束后耙松土壤表层。树体喷药时间可在地面用药后20～30天或田间卵果率达0.5%～1%或性诱剂测报成虫高峰时开始，7～10天喷1次，喷2～3次。防治2代幼虫时，可依据卵果率和性诱剂监测结果进行喷药。套袋果园，需在套袋前进行1次喷药
梨小食心虫	田间喷药需结合性诱剂监测结果，在每次诱蛾高峰后2～3天各喷药1次
苹果绵蚜	萌芽后至开花前和落花后10天左右是药剂防治的第一个关键期，可喷药1～2次，间隔7～10天。秋季绵蚜数量再次迅速增加时，是第二个关键期，喷药1～2次即可

（续）

病虫害名称	用药适期和方法
绣线菊蚜	往年严重果园，在萌芽后近开花时，喷药1次。一般果园，落花后新梢生长期，当嫩梢上蚜虫数量开始迅速上升或开始为害幼果时喷药，喷1～2次，第二次喷药间隔7～10天
苹果瘤蚜	喷药掌握在越冬卵全部孵化后至叶片尚未卷曲之前，一般应在发芽后半月至开花前进行，喷药1次即可，也可结合苹果绵蚜的花前防治一并进行
苹果全爪螨	用药适期一：严重果园，花序分离期，喷药1次；用药适期二：落花后3～5天，须喷药1次。以后在害螨数量快速增长初期进行喷药，春季防治指标为3～4头/叶，夏季指标为6～8头/叶
山楂叶螨	用药适期一：严重果园，发芽至花序分离期，喷药1次，防治越冬雌成螨；用药适期二：落花后10～20天，喷药1次，防治第一代幼若螨。以后在害螨数量快速增长初期进行喷药，春季防治指标为3～4头/叶，夏季指标为6～8头/叶
二斑叶螨	用药适期一：落花后半月内，害螨上树为害初期；用药适期二：6月底至7月初，害螨从树体内膛向外围扩散初期。这两时期需各喷药1次。以后在害螨数量快速增长初期进行喷药，春季防治指标为3～4头/叶，夏季指标为6～8头/叶
绿盲蝽	用药适期一：花序分离期；用药适期二：落花后1个月。喷药次数取决于往年为害程度，一般花前1次，花后1～2次，间隔期7～10天
苹小卷叶蛾	用药适期：落花后3～5天防治越冬幼虫，6月中旬防治第一代幼虫，8月防治第二代幼虫。6～9月的具体施药时间可依据性诱剂测报结果，在诱蛾高峰出现后的3～5天喷药
顶梢卷叶蛾	用药适期一：花芽展开时防治越冬幼虫，6月中旬防治第一代幼虫。严重果园在花前喷药1次，一般果园与苹小卷叶蛾合并防治即可

（4）精准选择药剂

同一种药剂成分，在效能接近的情况下优先选择环保剂型。同时，要注意药剂的轮换使用和安全间隔期。病虫防控药剂的选择可参考下表。

苹果主要病虫害防治药剂选择参考表

病虫害名称	防治药剂种类
腐烂病	涂抹药剂：甲硫·萘乙酸、腐殖酸·铜、辛菌胺醋酸盐、甲硫·戊唑、丁香菌酯等； 喷施药剂：代森铵、甲基硫菌灵、丁香菌酯、戊唑醇、多菌灵等
干腐病	涂抹药剂：参考腐烂病；喷施药剂：参考腐烂病
轮纹病	涂抹药剂：参考腐烂病； 喷施药剂：代森铵、硫酸铜钙、波尔多液（发芽前）；甲基硫菌灵、多菌灵、代森锰锌、氟硅唑等
炭疽病	喷施药剂：代森铵、硫酸铜钙（发芽前）；甲基硫菌灵、多菌灵、咪鲜胺、戊唑醇、代森锰锌、三乙膦酸铝、苯醚甲环唑等
白粉病	喷施药剂：戊唑醇、三唑酮、腈菌唑、苯醚甲环唑等

（续）

病虫害名称	防治药剂种类
斑点落叶病	喷施药剂：多氧霉素、异菌脲、戊唑醇、代森锰锌等
褐斑病	喷施药剂：戊唑醇、氟硅唑、丙环唑、多菌灵、波尔多液等
炭疽叶枯病	喷施药剂：甲基硫菌灵（发病前预防）、吡唑醚菌酯、咪鲜胺、波尔多液等
锈病	喷施药剂：戊唑醇、腈菌唑、苯醚甲环唑、烯唑醇、三唑酮等
桃小食心虫	喷施药剂：毒死蜱、辛硫磷（地面）；高效氯氰菊酯、高效氯氟氰菊酯、联苯菊酯、甲氰菊酯、毒死蜱等
梨小食心虫	喷施药剂：高效氯氟氰菊酯、氰戊菊酯、溴氰菊酯、高效氯氰菊酯、毒死蜱等
苹果绵蚜	喷施药剂：螺虫乙酯、毒死蜱、噻嗪酮等
绣线菊蚜	喷施药剂：氟啶虫胺腈、吡虫啉、啶虫脒、吡蚜酮、螺虫乙酯等
苹果瘤蚜	喷施药剂：氟啶虫胺腈、吡虫啉、啶虫脒、吡蚜酮、螺虫乙酯等
苹果全爪螨	喷施药剂：螺螨酯、乙螨唑、联苯肼酯、三唑锡、唑螨酯、炔螨特、阿维菌素（初期为害轻时）等
山楂叶螨	喷施药剂：参考苹果全爪螨
二斑叶螨	喷施药剂：阿维菌素、螺螨酯、乙螨唑、联苯肼酯、三唑锡、唑螨酯、甲氰菊酯等
绿盲蝽	喷施药剂：毒死蜱、高效氯氰菊酯、高效氯氟氰菊酯、吡虫啉、啶虫脒等
苹小卷叶蛾	喷施药剂：氯虫苯甲酰胺、甲氨基阿维菌素苯甲酸盐、灭幼脲、除虫脲、甲氧虫酰肼、阿维菌素等
顶梢卷叶蛾	喷施药剂：参考苹小卷叶蛾
金纹细蛾	喷施药剂：氯虫苯甲酰胺、高效氟氯氰菊酯、灭幼脲等

（5）选对施药器械

综合考虑器械对药效、用药量和能耗及人力成本的影响。常用施药器械选择可参考下表。

苹果园农药施用器械选择参考表

	机动喷雾车	担架式动力喷雾器	背负式喷雾器	无人机
山地栽培			√	√
平/坡地栽培	√	√		
苗圃			√	

3. 技术效果

每年可减少1～3次化学农药的使用，农药使用量减少35%～50%。

4. 适宜地区

具体的用药方案主要针对辽宁苹果产区的病虫害种类、发生规律和气候条件制定，但原理、原则和策略适用于所有苹果产区。

5. 注意事项

该技术模式中所列病虫防治适期和各个药剂的防治效能虽然在一定区域范围具有一定的普遍性，但不排除特异性的存在。应用时，当地技术部门和果农可参考本地区惯用病虫综防体系，并依据当地品种物候期和药剂使用效果，对技术简表中病虫的防治适期和药剂的种类进行补充、修正，以增强技术应用的贴合性。

（撰稿人：仇贵生、闫文涛、岳强）

第十六节　苹果园农药立体减量增效施用技术

1. 针对问题

苹果树体结构复杂，冠层密闭，果园地面药械由于作业范围受限，导致果树冠层上部病虫害防治效果不理想。

2. 技术要点

采用植保无人机和自走风送式喷雾机相结合的施药方式，用于防治苹果树冠层主要病虫害（如蚜虫、红蜘蛛、食心虫、金纹细蛾、卷叶蛾、轮纹病、褐斑病、斑点落叶病等），形成空地一体的苹果园农药立体减量增效施用技术。其中，空中采用四旋翼电动无人机，由上向下喷药防治苹果树冠层上、中部发生的病虫害，要求配备有8个圆锥形压力式喷头，流量1.3升/分钟左右，喷施高度距地面4～6米，距树顶高度为1～2米，飞行速度为1～1.5米/秒。同时，地面采用自走风送式喷雾机，由下向上喷药防治苹果树冠层中、下部发生的病虫害，一般行进速度为1～1.3米/秒，喷药压力2.5兆帕、喷头孔径为1.0毫米。

3. 技术图片

植保无人机

苹果园植保无人机施药

4. 技术效果

对苹果主要病虫害防治效果均在90%以上，较柱塞泵式喷雾器提高10%。农药使用量减少40%以上，并节省人工25%，施药时间节省50%以上。

5. 适宜地区

适宜于山西等乔化苹果园。

6. 注意事项

（1）该技术可在苹果休眠期、花瓣露红期、落花后套袋前等不同生育期使用。

（2）该技术是在北京天翼合创科技发展有限公司生产的TY5A-T型多旋翼植保无人机及相应的飞行参数下测试完成，其他无人机可参照执行。

（3）空中植保无人机施药应选择飞防专用剂型，如油剂、水剂、水乳剂、微乳剂等。同时，应添加具有增加沉积和润湿性能的助剂和防飘逸剂，如大千2801#飞防助剂100～200倍液。

（4）植保无人机和自走风送式喷雾机施药时均要求在3级风以下，在清晨或傍晚施药，施药现场操作人员必须在无人机10米以外进行操作。

（撰稿人：范仁俊、高越、张鹏九、刘中芳）

第十七节　果园机械化高效施药技术

1. 针对问题

“柱塞泵＋拖拽药液管＋喷枪”的施药作业方式，药液雾滴大、药液损失率高；风送式喷雾机施药作业方式，跨树行药液喷雾飘移严重。

2. 技术要点

矮化密植苹果园的果树冠层体积、树体面积、冠层高度等树形架构趋于一致，通过调整风送式果园施药装置的布风挡板角度参数、喷头角度、风机转速，采用静电喷雾模块，实现风机送风量和送风压力、药液喷头与果树附着距离可调，达到依据果树冠层进行机械化精准施药、防止多余药液飘移、药液高效利用的目的。

布风挡板角度调整：对于果树冠层上下药液分布不均匀现象，根据果树高度、冠层体积的分布，通过调整布风挡板角度和喷头喷射角度，布风挡板的角度在±10°内调整，使布风系统各个风腔室出风口的风速达20米/秒。

喷头角度调整：对于果树高度超过4.0米的冠层，通过调整喷头角度使喷头喷出药液的喷射方向与空气流方向相切，满足药液在果树高度方向上均匀分布。

风机转速调整：对于果树树冠直径超过 1.5 米的冠层，通过调高驱动风机变速箱的速比，提高风机转速、增大送风量，使药液能够穿透果树冠层，达到果树内膛药液附着均匀的目的。

静电喷雾模块：对风送式果园喷雾机加装静电模块，药液经喷头雾化后呈带电荷雾滴，在喷头和果树冠层间的高压静电场作用下，雾滴均匀吸附于叶片正反面和枝干上。

分层布风果园施药作业机组由拖拉机后输出轴驱动药液泵和风机工作，药液箱的药液由药液泵加压后经药液管输送至药液喷头，药液被喷头雾化后经布风装置送出的均匀气流吹送至果树冠层，每个风腔室内的气流流出布风装置时将对应喷头喷射的药液进行风送，可将药液覆盖整个果树冠层，高速高压气流可穿透果树冠层，实现药液风送和翻动果树冠层枝叶，达到叶片正反面均匀施药防治果树病虫害的目的。

3. 技术效果

传统喷枪喷药每亩用药液量在 250～300 升，机械化施药每亩最大用药量为 100 升，比传统“柱塞泵＋拖拽药液管＋喷枪”施药作业方式节水节药 50％以上。

4. 适宜地区

适宜于具备机械化作业立地条件和技术条件的果园。

5. 注意事项

该技术适宜于宽行密植栽培果园和经间伐提干改造传统果园的病虫害防治机械化作业，风送式果园喷雾机等施药机械选型要与配套拖拉机、药箱容量等综合考虑、匹配使用；根据施药作业面积定期更换喷头；按施药机械的说明进行维修保养；注意作业中机具和人身安全。

（撰稿人：李建平、王鹏飞、杨欣、刘洪杰）

第十八节　山东苹果园农药减施增效技术

1. 区域特点及存在问题

山东苹果主要集中在胶东半岛，降水量大，病虫害种类多，危害严重，防控难度大。为了有效控制不同病虫的危害，果农采用了高频度、大剂量、多种农药并用的防控策略。据统计，2015 年和 2016 年烟台苹果产区套袋果园每年用药9～12次，投入农药50种次以上，折合成纯品为3.7千克/（亩·年），投入农药成本约440元/（亩·年）。

2. 集成技术及技术要点

（1）苹果树落叶后至开花前的病虫防控

苹果树落叶后至开花前需防控的病害有腐烂病、轮纹病、白粉病、锈病、枝干上各种腐生菌；虫害有绵蚜、瘤蚜、黄蚜、山楂红蜘蛛、苹果红蜘蛛、绿盲蝽、其他越冬害虫。

①保护剪锯口。剪锯口是轮纹病菌和腐烂病菌的重要侵染孔口，苹果树修剪当天应尽快用剪锯口保护剂涂布剪锯口；主干、背上枝直径超过3厘米的剪锯口发病概率高，受侵染后危害重，是重点保护的对象。剪锯口保护剂应含杀菌剂和促进伤口愈合的植物生长调节剂，而且能防水，附着力强，成膜厚，抗拉伸能力强，保护期长。

②萌芽前清除越冬病虫并保护枝干。萌芽前主要铲除生长期间难以防治的病虫，包括腐烂病、轮纹病、苹果绵蚜、各种蚧类等，清除越冬病虫主要包括清园和喷施铲除剂两项措施。清园主要包括：清除园内所有携带病原菌死树、病树、弱树、死枝、病枝和弱枝；刮除病皮、死皮和翘皮；清除果园内及周边的病落叶、病残果、枝条、杂物等。清园后，根据园内病虫发生情况，可考虑喷5波美度石硫合剂或100倍的波尔多液。

保护枝干主要有冬前涂白和春季涂干两项措施。冬季寒冷的地区或年份，5年以下的幼树冬前需涂白主干；对于轮纹病和腐烂病发病较重的果园，于春季轻轻刮除病斑、病瘤和粗皮后，涂布枝干保护剂。枝干保护剂可用内墙乳胶漆混加杀菌剂和杀虫剂配制。例如，用立邦的新时丽亚光乳胶漆为基质，混加400倍25%吡唑醚菌酯乳油和300倍48%毒死蜱乳油，可作为枝干涂布剂，涂布枝干，其保护期可维持1～2个生长季节。

③苹果开花前病虫防控。苹果开花前是防治各种越冬害虫和白粉病的关键时期。花序分离期是苹果红蜘蛛的卵孵化高峰期、越冬白粉菌的复苏期，也是两种病虫的第一个防治关键时期；蚜虫卵自苹果芽露绿开始孵化，花前是第一个防治关键期；花期前后，绿盲蝽的越冬卵遇2毫米以上降雨可大量孵化，雨后第二至三天为最佳防治期。苹果开花前，杀螨剂主要针对苹果红蜘蛛选药，兼治山楂红蜘蛛；杀虫剂主要针对绿盲蝽选药，以内吸剂为主，兼治蚜虫、苹小卷叶蛾，可以考虑菊酯类药剂；杀菌剂重点针对白粉病选药，以内吸性治疗剂为主，并保护花期幼嫩组织不受病菌侵染。苹果开花前，用药越晚越冬虫的孵化率或出蛰率越高，药剂防治效果越好，但对花期授粉蜂的影响越大。花前用药时间须与盛花期间隔7天以上，温度回升快提前至花露红期，一般年份于

花序分离期用药。

(2) 苹果开花期至套袋期的病虫防控

开花后至套袋前主要的防控对象有霉心病、套袋果实斑点病、白粉病、锈病、果实轮纹病、斑点落叶病、腐烂病等病害，绵蚜、瘤蚜、黄蚜、山楂红蜘蛛、苹果红蜘蛛、绿盲蝽、苹小卷叶蛾、棉铃虫等虫害。

①苹果开花后的病虫防控。重点防控绿盲蝽、山楂红蜘蛛、霉心病、套袋果实斑点病、苦痘病，兼治绵蚜、瘤蚜、黄蚜、苹果红蜘蛛、卷叶蛾、白粉病、锈病等。杀菌剂以保护性杀菌剂为主，若花期遇雨则以内吸剂为主。杀虫剂主要针对绿盲蝽选择药剂，以新烟碱类为主，兼治蚜虫。杀螨剂针对山楂红蜘蛛选择药剂，杀虫杀螨剂应兼治夜蛾类害虫。自开花后至8月不建议喷施菊酯等对天敌杀伤较重的广谱性杀类药剂。幼果期喷施的药剂中，需混加钙肥，以防治后期的苦痘病。

防治霉心病的最佳用药时间为授粉后花柱凋萎期，即盛花后3～5天。谢花后7～10天为山楂红蜘蛛第一代卵孵化高峰期，也是全年第一个防治关键期。锈病菌于降雨期间侵染，降雨前或后7天内是防治锈病的最佳时期。绿盲蝽的最佳防治期是降雨后的3～5天。具体用药时期可根据具体的防治对象确定，一般年份于谢花后7～10天用药。花期前后也是腐烂病的侵染高峰期，喷施时需将树体淋透。

②苹果套袋前的病虫防控。重点防控套袋果实斑点病、山楂红蜘蛛、苹果红蜘蛛、绵蚜、黄蚜虫，兼治褐斑、轮纹病、金纹细蛾等病虫。杀菌剂主要针对套袋果实斑点病选择杀菌谱广、持效期长的药剂，兼治果实轮纹病和褐斑病。若前期雨水多，以三唑类药为主；前期雨水少，可选用持效期长的保护剂。杀螨剂需选择持效期长的杀螨剂，持效期应达40天；杀虫剂应针对黄蚜、绵蚜等选择高效的内吸性杀虫剂。

苹果谢花后25～30天，为山楂红蜘蛛二代卵的孵化盛期，也是全年防治的第二个关键期。5月下旬随温度回升后，蚜虫也进入繁殖高峰期，也是全年防治蚜虫的关键时期；套袋果实斑点病的最佳防治期为套袋前1～2天，一般年份于5月下旬或6月上旬套袋前1～2天用药一次。

③基于监测和预测的病虫防控。苹果开花后至套袋前，需监测的病虫害主要有绿盲蝽、棉铃虫、苹小卷叶蛾、蚜虫，锈病、白粉病、果实轮纹病、斑点落叶病等。

绿盲蝽在新梢上叮食常形成红褐色叮食点或斑，依此可监测绿盲蝽的虫口密度，当有虫新梢超过2%时需及时用药防治；棉铃虫和苹小卷叶蛾可危害幼果，当幼果的被害率达到2%时需及时用药防治；当蚜虫种群数量增长速快、蚜虫向幼果转移时，及时用药防治；其他害虫若有严重为害趋势时，依其种类及时用药。杀虫剂应选用对天敌昆虫杀伤力小、专化性强的杀虫剂。

苹果谢花后第一次和第二次遇降水量累积超过 10 毫米，持续时间累积超过 12 小时的阴雨过程，若雨前 7 天内没有用杀菌剂，往年锈病发生重的果园，应雨后 7 天内喷施三唑类杀菌剂防治锈病。遇雨量累积超过 20 毫米，持续时间累积超过 24 小时的阴雨过程时，若雨前 7 天内没有喷施杀菌剂，雨后 7 天内补喷内吸性杀菌剂，防治果实轮纹病和褐斑病。对斑点落叶病敏感的品种，应于气象预报的较大降雨过程前 1～2 天，喷施对链格孢有较好防治效果的杀菌剂，如异菌脲。天气干旱时，当感病品种白粉病的病叶率超过 1%且向新叶转移时，需喷药防治。另外，结合疏花疏果，再次清除园内已枯病的枯死枝、病枝和病斑。

(3) 苹果套袋后至雨季结束期的病虫防控

苹果套袋后至雨季结束主要防控的病害是褐斑病、炭疽叶枯病、枝干轮纹病、腐烂病；虫害有金纹细蛾、各种食叶害虫、康氏粉蚧、梨小食心虫。

①6 月的雨季前喷药保护果实、枝干和叶片。6 月中旬后，山东苹果产区常有一个持续阴雨期。阴雨期间是褐斑病、炭疽叶枯病、轮纹病、腐烂病等各种病菌的繁殖和侵染的高峰期，也是病害防控的关键时期。降雨前喷施长效的保护性杀菌剂，并将整个树体淋透，可以保护果实、枝干和叶片在降雨期间不受病原菌侵染。药剂可选择倍量式波尔多液。波尔多液中可考虑混加能与波尔多液混用的杀虫剂，用以防治各种害虫等。

②7～8 月的雨季前喷药保护果实、枝干和叶片。山东地区的降雨要集中在 7 月下旬和 8 月上旬，在降雨季节来临前，喷施长效的保护性杀菌剂，并将全树喷透，可以保护果实、枝干和叶片在阴雨期间不受褐斑病、炭疽叶枯病、轮纹病、腐烂病等病菌的侵染。药剂可选用倍量式波尔多液。波尔多液中可考虑混加杀虫剂，防治该期发生的主要害虫。喷药前需再次清理果园，清除园内病叶、病果、病枝和枯死枝。

③病害发生高峰前抑制病害流行。山东苹果产区，褐斑病和炭疽叶枯病的发生高峰期常出现在 8 月的中下旬。8 月也是轮纹病菌和腐烂病菌的侵染高峰期。6 月和 7 月喷施的波尔多液虽能有效防治各种病害，但并不能完全阻止病菌侵染。在 8 月上中旬降雨前后喷施高效的内吸性杀菌剂，一方面可抑制前期侵染病菌继续发病与产孢，另一方面可以保护寄主在后期不受病原菌的侵染。将药剂喷布到枝干上，可有效防治枝干轮纹病和腐烂病。

防治褐斑病可选用三唑类药剂，防治炭疽叶枯病可选用甲氧基丙烯酸酯类的杀菌剂。由于受高温、光照等因素影响，8 月叶片的生理活性受很大的影响，药剂可混入生长促进剂，如碧护、芸薹素内酯等，可以提高叶片的抗病性。喷施杀菌剂时，需根据果园内害虫种类，混加相应的或杀虫谱相对较广的杀虫剂。

④基于监测和预测的病虫防控。雨季需监测的气象因子主要是降水量、降雨时长或天数；需要监测的害虫有金纹细蛾、山楂红蜘蛛、苹果红蜘蛛、二斑叶螨、康氏粉蚧、蝽、天牛、木蠹蛾、梨小食心虫、蚜虫等。

6月喷施波尔多液后，当遇累积超过30毫米的降雨或7个以上降雨日后，需结合其他病虫防控，喷施内吸治疗性杀菌剂。防治褐斑病用三唑类杀菌剂，防治炭疽叶枯选用甲氧基丙烯酸酯类药剂。6～7月，在炭疽叶枯病初始发病期及时喷施吡唑醚菌酯。嘎拉等感病品种解袋后至采收前，若气象预报有降雨，雨前需喷施杀菌剂保护果实，可考虑对果品安全且易降解的药剂，如咪鲜胺。白绢病发生重的果园，于6月中旬雨季前，在根围5～10厘米处，撒施混加1%硫酸铜的生石灰。

6月，当金纹细蛾的虫斑数超过2个/百叶或7月超过10个/百叶，可分别于6月底或7月底卵孵化高峰期，结合其他病虫防控喷施灭幼脲3号。如果天气干旱，红蜘蛛和二斑叶螨危害严重，有螨叶超过2%且未来一周没有降雨，需结合其他病虫防控，加喷杀螨剂。当康氏粉蚧发生严重，预测有虫袋超过1%时，需结合其他病虫防控喷药防治，可选用螺虫乙酯。蝽危害严重的果园，于7～8月卵孵化期或若虫期喷施杀虫剂，消灭果园内及周边林木上的初孵若虫。天牛和木蠹蛾危害严重的果园，可分别于6月和7月天牛成虫卵孵化高峰期，结合其他病虫害的防控，向枝干上喷施噻虫啉或氯氰菊酯微胶囊剂。梨小食心虫产卵量大，预测能钻袋时，于卵孵化盛期喷药防治。

嘎拉等敏感的中早熟品种，于果实采收后再喷一次波尔多液，保护叶片和枝干。

（4）果实采收前病虫防控

果实解袋前需再次清理果园，清除果园内能侵染果实的各种病原菌和危害果实的各种害虫。如果园内危害果实的害虫种群数量较大或气温较高，解袋前的2～3天，可喷施广谱性、无内吸性的杀虫剂，或广谱性、杀菌效果好的保护性杀菌剂。

3. 技术效果

示范园较常规防治园减少化学农药使用量40%以上。示范园内无因病虫落叶，病虫叶率4.5%，病虫果率3.2%，虫梢率1.8%，防治效果与常规防治园无明显差异。示范园与常规园相比，产量和品质无明显差异；果锈轻，优质商品果率提高6.2%。

4. 适宜地区

技术原理、原则和策略适用于国内所有苹果产区，但具体的用药方案主要针对烟台苹果产区的病虫害种类、发生规律和气候条件制定，其他产区需要使用该方案时，需根据当地的病虫种类、气候条件进行适当调整。

（撰稿人：李保华、练森）

第十九节　河北苹果园农药减施增效技术

1. 区域特点及存在问题

河北省苹果主要产区（太行山和燕山山脉产区）的周年病虫害主要种类有轮纹病、早期落叶病、叶螨、蚜虫、卷叶蛾、金纹细蛾等，整体发生程度在全国范围来看属于中等偏重，尤其是枝干轮纹病属于严重发生。果农传统防控基本以化学合成农药为主，其中高效低毒化学药剂和非化学合成药剂应用比例相对偏少。另外，在防控时机的把握方面缺少可操作性的依据，有较大提升空间。

2. 集成技术及技术要点

（1）3月初，果树修剪，对剪锯口涂菌清保护，用消毒液消毒修剪工具。

（2）3月中下旬（休眠期），做好清园，全园喷施植物油300倍液。主干上有轮纹病病瘤，根据果园情况轻刮树上病瘤，涂抹菌清，然后在树干未被药剂覆盖的地方补涂轮纹终结者1号，涂抹高度以超过病瘤部位为准。

（3）4月5日左右（花芽露红期），用高效氯氟氰菊酯1 500倍液＋氟硅唑3 000倍液＋硼砂1 000倍液。

（4）4月底至5月初（落花后7～10天），用氯虫苯甲酰胺1 500倍液＋多抗·代森锰锌1 000倍液＋可溶性钙肥1 500倍液。

（5）套袋前（5月28至6月5日），用苯醚甲环唑＋异菌脲＋氟啶虫胺腈5 000倍液＋甲维盐3 000倍液＋螺螨酯4 000倍液＋可溶性钙肥1 500倍液。

（6）套袋后（6月19～20日），用丙森锌600倍液＋苦参碱1 000倍液。

（7）7月上旬，用氢氧化铜2 000倍液＋甲维盐·灭幼脲1 000倍液。

（8）7月下旬，用吡唑嘧菌酯1 500倍液。

（9）8月中旬，用树安康200倍液。

（10）9月中旬，用戊唑醇4 000倍液＋磷酸二氢钾800倍液。

（11）10月底，尿素第一次喷施浓度3%～5%，7天后第二次喷施浓度为

6%～8%，14天后第三次喷施浓度为8%～10%。第一次加硫酸锌和少量硼砂。

备用措施：绵蚜和康氏粉蚧等发生较严重的果园或个别植株，可以在花前用噻虫嗪灌根。

3. 技术效果

果园周年化学农药单位面积施用量较传统方案降低30%左右。连续3年的田间测试结果表明，该方案对苹果园主要病虫害的防控效果与传统化学防控方案相当。

4. 适宜地区

适宜于河北省苹果产区。

5. 注意事项

该方案中的时间以保定地区物候期为依据，其他地区（南部和北部）运用时根据本地与保定物候期的差别（一般3～7天）来进行调整。

（撰稿人：曹克强、王勤英、宋萍、胡同乐）

第二十节　京津地区苹果园农药减施增效技术

1. 区域特点及存在问题

京津地区具有典型的都市农业特点，苹果不仅承载着经济生产价值，同时承载着重要的生态功能与社会效益和环保属性。目前的果园以围栏式小果园（5～10亩）、观光采摘为主，存在机械化程度低、用药量大、低效药剂占比大、总体用药次数不多但每次混配种类多等问题。

2. 集成技术及技术要点

在持续监测病虫害发生情况基础上结合气象信息，综合利用农业、物理、生物及化学防控技术，实施苹果病虫害的绿色防控。

（1）农业防治

通过合理施肥、灌溉和修剪，增强树势、稳定产量，提高树体抗病能力。通过秋冬季清园，降低越冬病虫基数，预防病虫害的发生。通过自然生草、人工种草、果园间伐等生态调控措施，增加园内有益昆虫种群，增加通风透光，提高果品产量与质量。

（2）病虫害监测预报

利用人工合成的性信息素，吸引寻求交配的成虫。结合果园的主要虫害，京津地区建议针对金纹细蛾、桃小食心虫、苹小卷叶蛾和梨小食心虫四种鳞翅目害虫进行监测。

具体做法：每年3月底或4月初距地面1.5米左右悬挂水盆或白色粘虫板，至当年的10月底。白色粘虫板置于三角诱捕器内，诱芯悬挂于水盆或白色粘虫板上方。四种不同的诱芯形成一组，间隔两棵树，平行四边形悬挂。每日查取白板上诱集的害虫数量，每周更换一次白板，每周统计，每1个月更换一次诱芯，制作不同害虫的年发生动态曲线。

（3）生物防治

采用生防制剂和释放害虫天敌，达到控制病虫害发生并减少农药使用的目的。

①生防菌剂部分替代化学药剂。苹果生防菌剂绿康威（绿地康）是用苹果有益内生芽孢杆菌制备成的可湿性粉剂，具有防病、增产、改进品质的功能，可与化学杀菌剂混合使用，有效地防治苹果病害减少杀菌剂使用量。

②释放赤眼蜂。赤眼蜂是苹果鳞翅目害虫的天敌，可寄生鳞翅目害虫的卵，使其不能正常发育。通过害虫监测技术确定释放时期进行赤眼蜂释放，可有效降低鳞翅目幼虫数量、减少害虫为害和降低杀虫剂使用量。

（4）科学使用农药技术

①提高喷药效率。使用弥雾机喷药，雾化效果好，还可节省施药时间和用药量（通常比正常用量节省50%），目前市面上的迷雾机种类多样，可根据果园的具体情况选择性价比高的购买使用。

通过筛选喷头，使用可降低雾滴粒径、喷雾角度合理的喷头也可以达到高效、省时、省力的效果。根据全国农业技术推广服务中心的测试，欧式喷头（津韬）和美制喷枪喷头（特力特）在药液附着率、单位施药液量、蚜虫防效、操作性等指标上均优于国内常规直杆高压喷枪喷头，建议使用。

②提高药剂使用效率。使用高效低毒低残留农药：主要包括苯醚甲环唑、吡唑醚菌酯、丙环唑、戊唑醇、多抗霉素、甲基硫菌灵、氯虫苯甲酰胺、螺虫乙酯等。

适时喷药：根据苹果的生长时期划分为萌芽前、谢花后、套袋前、幼果期、果实膨大期、生长后期、摘袋后等时期果园中病虫发生动态（病虫监测结果）和发生规律有针对性施药。

涂刷树干：针对轮纹病发病严重的乔化果园，夏初药剂涂干，涂干前应刮除大树主干和主枝病部的老翘皮。幼树可在夏初或秋后涂刷药剂至第一侧枝，防止病害发生和害虫为害。涂前，只需刮破病瘤。可采用成品涂干剂。

3. 技术效果

该技术模式下农药施用量平均减少35%以上，叶部病害显著降低，果实病害防治效果提高30%以上；优质果率明显提高，增产5%。

4. 适宜地区

适宜于北京和天津地区苹果园。

5. 注意事项

该技术主要针对北京和天津地区套袋苹果园中的主要病虫害（轮纹病、腐烂病、早期落叶病、食心虫、卷叶蛾和叶螨）制定。实施中建议根据当地果园病虫发生情况进行调整。

（撰稿人：国立耘、朱小琼、付学池、董民）

第二十一节　辽宁（辽南）苹果园农药减施增效技术

1. 区域特点及存在问题

辽南地区主要病虫害为食心虫、叶螨、卷叶蛾、蚜虫、轮纹病、腐烂病等。

2. 集成技术及技术要点

（1）技术模式

桃小食心虫全程绿色防控技术模式：杀虫灯诱杀成虫＋幼果期套袋＋性诱剂监测并消灭成虫＋氯虫苯甲酰胺（康宽）喷施防治幼虫。

梨小食心虫全程绿色防控技术模式：冬前清园＋刮老翘皮＋枝干涂白＋剪除受害新梢＋性诱剂防治成虫＋迷向丝干扰成虫交配产卵＋杀虫灯诱杀成虫＋幼果期套袋＋氯虫苯甲酰胺（康宽）喷施防治幼虫。

叶螨全程绿色防控技术模式：冬前清园＋刮老翘皮＋枝干涂白＋芽前喷石硫合剂＋天敌（捕食螨＋果园生草）。

苹小卷叶蛾全程绿色防控技术模式：冬前清园＋刮老翘皮＋芽前喷石硫合剂＋天敌（赤眼蜂寄生灭卵）＋杀虫灯诱杀成虫＋喷施甲氧虫酰肼或甲维盐防治幼虫。

蚜虫全程绿色防控技术模式：冬前清园＋芽前喷石硫合剂＋黄板诱杀＋天敌（释放瓢虫）＋氟啶虫胺腈防治。

苹果轮纹病全程绿色防控技术模式：冬前清园＋套袋＋芽前喷石硫合剂＋喷施波尔多液。

苹果腐烂病全程绿色防控技术模式：冬前清园＋枝干涂白＋芽前喷石硫合剂＋武宁霉素喷施或涂抹。

（2）技术要点

释放赤眼蜂：在苹小卷叶蛾化蛹率达到20％时后推10～12天放蜂，放蜂量每次每亩 3 万头，每隔 5 天释放一次，共放 2 次，方法是直接把蜂卡放于树枝外围大枝中部叶片背面用细草棍别上。

梨小迷向丝防治梨小食心虫技术：迷向丝干扰成虫交配产卵，选择持效期长达 5 个月的迷向丝（深圳百乐宝公司生产），每亩果园挂 33 根迷向丝，在果树开花前悬挂，方法是挂在每株树的西南方向树枝上，距离地面 1.5 米左右。

套袋：在苹果谢花后 1 个月左右幼果期进行，可以应用纸袋或特制塑膜袋，最好全树套袋，解袋在苹果采收前 1 个月进行，如果套双层纸袋，必须先摘外层袋，一周后再摘内层袋，特制塑膜袋不用摘袋。

以螨治螨技术：每株树挂一袋，在纸袋上方三分之一处撕开约 2 厘米，用按钉按在树冠内背阳光的主干上，袋底靠紧枝桠，悬挂前 10 天左右进行一次药剂防治红蜘蛛，在每片叶红蜘蛛不超过 2 头时，7 月 8 日开始悬挂，每袋捕食螨 2 500 头，释放捕食螨期间 1 个月内不打防治红蜘蛛药剂。

杀虫灯：每台太阳能杀虫灯可以控制 30～50 亩。在 4 月初开灯，傍晚天黑自动开灯，半夜 12 点自动关灯，晚上同时诱杀桃小食心虫、梨小食心虫、苹小卷叶蛾以及金龟子等害虫。

性诱剂：桃小性诱剂在 6 月初桃小食心虫出土期进行，梨小性诱剂在 4 月初梨小食心虫出蛰期进行，可以用水盆式诱捕器，水盆式诱捕器必须经常添水，保持诱芯和水面相距 1 厘米左右，也可以用三角板诱捕器或房式诱捕器，诱芯和底部粘板最好 1 个月换一次新的，每亩地悬挂 10～20 个即可。

高效低毒低残留环境友好型药剂化学防治技术：重点选用 20%氯虫苯甲酰胺（康宽）悬浮剂防治食心虫，在食心虫成虫高峰期后推 3 天喷雾，使用浓度为 3 000 倍液，用 50%氟啶虫胺腈（可立施）水分散粒剂防治蚜虫，在蚜虫发生始盛期喷雾，使用浓度为 8 000 倍液。选用 24%甲氧虫酰肼（雷通）5 000倍液喷雾防治苹小卷叶蛾，在苹果萌芽初期和谢花后一周分别施药。

3. 技术效果

通过技术实施，绿色防控技术到位率达到 90%以上，综合防控效果达 90%，减少用药 3 次，减少化学农药使用量 30%以上，优质果率提高 5%，果园生态环境得到改善，天敌种群数量明显增多。

4. 适宜地区

适宜于辽南地区苹果园。

（撰稿人：赵中华、林文忠）

第二十二节　辽宁（辽西）苹果园农药减施增效技术

1. 区域特点及存在问题

辽宁苹果产区冬季气候寒冷，冬春长期干旱（尤其辽西），夏秋雨热同期；苹果栽培区基本位于丘陵山地，土壤相对瘠薄，使得苹果腐烂病、干腐病等枝干病害发生相对较重，生长早期红蜘蛛、蚜虫发生较重，但高温高湿型叶部病害较轻，夏秋雨热同期时叶部病害较重。

2. 集成技术及技术要点

辽宁（辽西）苹果产区病虫年度防控重点和措施简表

时间	防控重点和施用技术方案
苹果休眠期	防控重点：腐烂病、枝干轮纹病、越冬害虫； 相关措施：主干尤其矮砧部位喷施松尔膜＋40%氟硅唑 4 000～5 000 倍液＋丝润（高效助渗剂）进行冬季保护，萌芽前腐烂病疤快速扩展前进行病疤刮治并喷施 10 倍 GB1 拮抗菌剂进行治疗
花序分离至落花期	防控重点：叶螨、蚜虫等虫害（越冬螨数量较大果园）； 相关药剂：啶虫脒、螺螨酯
落花后至套袋前	防控重点：红蜘蛛； 相关措施：释放捕食螨，2 袋/树（乔砧果园）或 1 袋/2 株（矮砧密植园）
果实套袋前	防控重点：黑点病、轮纹病、蚜虫； 相关药剂：戊唑醇、甲维盐、吡虫啉
果实套袋后	防控重点：斑点落叶病、褐斑病、炭疽叶枯病（针对金冠、嘎拉、乔纳金品种）、多种害虫； 相关药剂：多抗霉素、苦参碱、咪鲜胺和吡唑醚菌酯（针对炭疽叶枯病），2～3 次（根据气候特点具体斟酌）

技术要点：

（1）加强农艺和栽培防病措施

①每年 1～2 月果树休眠期进行清园工作，剪除病虫枝梢，彻底清除果园内枯枝、落叶、僵果、落果、杂草等，并集中烧毁，减少早期落叶病、轮纹病、叶螨、卷叶蛾、金纹细蛾等的越冬基数。冬前、早春结合施肥深翻树盘 20～30 厘米，暴露越冬的病虫于地面冻死或被鸟禽啄食，可有效减少桃小食心虫等虫源基数。

②推迟冬剪至春季气温回升前并做好伤口保护，以利于冬剪伤口的愈合从

而预防腐烂病的流行。

③果园生草并加强管理，合理施用菌肥和有机肥并合理减施化肥，利于改良土壤环境，释放土壤钙肥，从而减轻苦痘病发生。同时，由于土壤质地的改良促进根系的生长和养分均衡吸收，利于苹果枝干养分的累积，从而提升苹果树对枝干病害的抗病性。

④合理修剪，创造通风透光的果园环境，利于推迟和减轻高温高湿型叶部病害的发生。

（2）做好物理、生物防控措施

①入冬前采用四川国光公司松尔膜+适量杀菌剂进行涂干保护，尤其是矮砧密植园中间砧部位，防控低温冻害和夏季辐射伤，从而有效避免苹果腐烂病和苹果干腐病的发生。

②适时开展果实套袋，利于桃小食心虫、苹果轮纹病、苹果炭疽病的防控，保障苹果果实的安全。

③采用长效迷向丝30个/亩，防控桃小食心虫、梨小食心虫、卷叶蛾、潜叶蛾；与苹果全爪螨越冬代孵化初期和8月中旬释放捕食螨1～2次（乔砧密植果园2袋/株，矮砧密植园1袋/2株），减少杀螨剂使用次数至1次或全年不用杀螨剂。

（3）加强病虫测报，适时对症施药

①农药施用总体原则。针对辽宁苹果产区气候特点和主要病虫发生规律，生长季前期应注重枝干病害和虫害的防控，生长季高温多雨季节应重点防控叶部病害；不同时期加强测报，依据测报适时对症施药。

②关键时期的监测重点和防控重点。春季萌芽前加强针对腐烂病、干腐病等枝干病害防控。针对苹果树腐烂病和干腐病发生严重的果园，早春刮除病斑后，施用200倍液的45%氟硅唑乳油结合丝润助剂进行涂抹治疗。

苹果红蜘蛛越冬数量较大果园，萌芽后常见叶片有1～2头叶螨时喷施高效杀螨剂1次，结合检测苹果蚜虫发生情况，可加施蚜虫专杀药剂；此时期如果干旱少雨可不喷杀菌剂。

3. 技术效果

与传统施药习惯对比，该技术模式年均减施农药次数1～2次，平均每亩减药量为1.48千克，减药幅度达39%。

4. 适宜地区

适宜于辽西苹果产区。

（撰稿人：周宗山、徐成楠）

第二十三节　山西苹果园农药减施增效技术

1. 区域特点及存在问题

山西果区仍然依靠化学农药防治苹果园病虫害，年平均用药次数多达8～10次，有的甚至12次，生长期每次每亩喷施药液250～350千克，全年每亩农药制剂使用量5千克左右，药剂和人工投入超过500元/亩。

2. 集成技术及技术要点

（1）休眠期

11月至翌年2月，通过深翻灌水、刮除翘皮、清洁果园、树干涂白等，控制病虫越冬基数。通过合理修剪，调整平衡树势，提高果树自身抗病虫能力，减少苹果生长期化学农药的使用量。

①深翻灌水。果树落叶后至土壤封冻前，将全园栽植穴外的土壤深翻，深度30～40厘米，将土壤中越冬的病虫暴露于地面冻死或被鸟禽啄食。深翻后，应在气温－3～10℃时对果园进行灌溉，可有效杀灭桃小食心虫、舟形毛虫等越冬害虫。

②刮除翘皮。剪除病枝、虫枝、虫果以及尚未脱落的僵果，刮除主干、枝杈处粗老翘皮及腐烂病斑，并将刮下来的树皮、碎木渣集中带出果园烧毁或深埋，消灭潜藏在树体上越冬的病虫害。刮治腐烂病斑处，并用3%甲基硫菌灵糊剂原膏涂抹病斑，防止病害继续扩展。

③清洁果园。及时清理园内杂草、病虫枝、病果、虫果、落地果、诱虫带等，带出园外并集中深埋，以减少褐斑病、轮纹病、白粉病、叶螨、金纹细蛾等的越冬基数。深埋的深度在45厘米以上。

④树干涂白。苹果休眠期刮除翘皮后，用生石灰、石硫合剂、食盐、清水按照6∶1∶1∶10比例制成涂白剂，涂抹树干和主枝基部，有效杀灭越冬病虫，不仅减少化学农药使用量，而且增强抗冻能力。

⑤合理修剪。按照平衡树势、主从分明、充分利用辅养枝的原则，对苹果树进行合理修剪，调整平衡树势，保持良好的果园群体结构和个体结构，并改善全园通风透光条件，提高苹果树抗病虫能力，降低化学农药使用量。

（2）萌芽至开花前

3月中旬至4月上旬，通过果园生草，改善果园生态小环境，增强小花蝽、草蛉等天敌昆虫对蚜虫、红蜘蛛，以及鳞翅目害虫的卵和低龄幼虫等的自然控害作用，同时逐步提高土壤有机质含量，增强树体抗逆能力，降低化学农药使用量。通过全园喷施矿物源农药（石硫合剂），进一步控制苹果树腐烂病、苹果枝干轮纹病、害螨、卷叶蛾等多种病虫越冬和出蛰基数。

①果园生草。每年3～4月地温稳定在15℃以上时或9月，于果树行间开浅沟（种植豆科白三叶草、紫花苜蓿或禾本科黑麦草、羊茅草等），以提高果园土壤有机质含量，增强树体抗逆能力，并改善果园生态小环境，增强小花蝽、草蛉等天敌的自然控害作用，进而降低化学农药使用量。其中，豆科类每亩播种1～1.5千克，禾本科每亩播种2.5～3千克。播种前将地整平、耙细，播种时按每0.5千克种子搅拌10千克细沙，在行间撒匀。播种深度0.5～1.0厘米。

②矿物源农药防护。针对越冬白粉病、腐烂病、轮纹病、蚜虫、叶螨、卷叶蛾等，在田间平均气温达10℃以上时，采用3～5波美度石硫合剂全园喷雾，主干、树枝、老翘皮等应充分着药，达到淋洗状。

(3) 落花后7～10天

5月上中旬，针对苹果蚜虫、金纹细蛾、苹小卷叶蛾、金龟子等害虫，优先采用性诱剂、杀虫灯、黄板、糖醋液等理化诱杀技术、生物防治技术和生物农药防治害虫，并在病虫预测预报的基础上协调利用高效低风险化学农药防治白粉病、斑点落叶病、褐斑病、霉心病、黑点（红点）病等叶部和果实病害以及蚜虫、叶螨等虫害，最大程度减少化学农药使用次数和使用量。

①理化诱杀。

灯光诱杀：苹果花期开始，安装频振杀虫灯或太阳能杀虫灯，诱杀金龟子、卷叶蛾、食心虫、毒蛾等害虫成虫。每1.0～1.5公顷果园设置1台频振式杀虫灯诱杀趋光性害虫成虫，灯悬挂高度为接虫口离地面1.5～2米。一般于9月底结束。注意及时清理诱虫袋所诱集的害虫，以及杀虫电网上的害虫，以提高杀虫效果。

糖醋液诱杀：每亩等距离悬挂5～10个糖醋液诱捕器诱杀苹小卷叶蛾等趋化性害虫。糖醋液配比为糖∶乙酸∶乙醇∶水=3∶1∶3∶120。诱捕器用水盆选用直径20～25厘米的硬质塑料盆，诱捕器悬挂高度1.5米左右，糖醋液每10～15天更换1次。雨后注意及时更换糖醋液。如天气炎热，蒸发量大时，应及时补充糖醋液。

性信息素诱杀：利用苹小卷叶蛾、桃小食心虫、金纹细蛾等害虫性诱芯制成水盆型诱捕器或粘胶诱捕器诱杀成虫。每个诱捕器中放置1个诱芯，并按产品说明定时更换。每亩等距离悬挂诱捕器5～8个，诱捕器悬挂于果树背阴面、树冠外围开阔处，高度1.5米左右。水盆诱捕器选用硬质塑料盆，直径20～25厘米，性诱芯用细铁丝固定在水盆中央，距水面0.5～1厘米；当液面下降到 2 厘米时，要及时添加 0.1%洗衣粉水。粘胶诱捕器中的性诱芯固定在粘胶板的中央。注意及时更换诱芯和粘胶板，一直持续到 10 月中旬。同时，应及时清除虫尸和杂物。

黄板诱蚜：在果树外围枝条上，每亩悬挂规格为 20 厘米×25 厘米的黄板 40～60 张，诱杀蚜虫。

②生物防治。选用 100 亿孢子/克金龟子绿僵菌可湿性粉剂 3 000～4 000 倍液或 400 亿孢子/克白僵菌粉剂 1 500～2 500 倍液喷洒树盘地面防治桃小食心虫越冬幼虫。施后可选择各种作物的秸秆、杂草等覆草，厚度 15～20 厘米。

③高效低风险化学农药防护。病害防治可选用 80%代森锰锌水分散粒剂 800 倍液、25%嘧菌酯悬浮剂 1 500 倍液、10%苯醚甲环唑水分散粒剂2 500倍液、25%吡唑醚菌酯乳油 1 000 倍液、70%甲基硫菌灵 1 000 倍液、10%多抗霉素可湿性粉剂 1 500 倍液喷雾。虫害、螨类防治可选用 0.6%苦参碱水剂 1 000 倍液、4%阿维菌素+22.4%螺虫乙酯悬浮剂 3 500 倍液、43%联苯肼酯悬浮剂 3 000 倍液、10%吡虫啉可湿性粉剂 2 000 倍液喷雾。其中，43%联苯肼酯悬浮剂 3 000 倍液+10%吡虫啉可湿性粉剂 2 000 倍液+25%吡唑醚菌酯乳油 1 000 倍液+70%甲基硫菌灵 1 000 倍液药剂组合可以显著增加药效，对腐烂病、红蜘蛛、蚜虫等多种病虫害的防效达到 90%以上。

（4）套袋前

5 月下旬至 6 月上中旬，斑点落叶病、褐斑病等病害开始发生，叶螨繁殖加快，苹果黄蚜、金纹细蛾等进入为害盛期，在继续做好害虫理化诱杀的基础上，释放捕食螨控制害螨，并通过合理负载，调整树势，提高果树抗逆能力，进一步降低化学农药使用量。

①释放捕食螨。将装有胡瓜钝绥螨的包装袋一边剪开长度 2 厘米左右的细缝，后用图钉固定在阳光直射不到的树冠中间下部枝杈处，每株树固定 1 袋，每袋捕食螨数量>1 500 头。释放以晴天或多云天的下午 3：00 后为宜，并应保证袋口和底部与枝干充分接触。

②合理负载。根据树龄大小、树势强弱、品种特性、栽培管理条件等疏果，做到合理负载，以协调果树营养生长与生殖生长，进而增强果树抗逆能力，降低化学农药使用量。

③植物源农药及高效低风险化学农药防护。优先选用植物源农药 0.6%苦参碱水剂 1 000 倍液、7.5%鱼藤酮水剂 600 倍液、高效低风险农药 24%螺螨酯悬浮剂 5 000 倍液、10%氟啶虫酰胺 2 500 倍液、43%联苯肼酯悬浮剂 3 000 倍液、25%吡唑醚菌酯乳油 1 000 倍液进行喷药保护。落花后 7～10 天也可选用药剂组合，以增加药效。

④果实套袋。喷药后2～3天内对果实进行套袋保护。套袋时，应注意扎紧袋口，同时应在果面无药液、无露水的情况下进行。

（5）套袋后幼果期与果实膨大期

6月中下旬至9月上旬，重点做好褐斑病、斑点落叶病等早期落叶病害和金纹细蛾、苹小卷叶蛾、害螨等害虫的防治，并在树干上绑扎诱虫带，诱集害螨、卷叶蛾等越冬害虫。同时，平衡施肥，以增强树体免疫力，实现化学农药减量控害，并改善果品品质。

①矿物源农药及高效低风险化学农药防护。根据病虫发生和天气变化情况，优先选用倍量式波尔多液（硫酸铜：生石灰：水＝0.5：1：100）或等量式波尔多液（硫酸铜：生石灰：水＝0.5：0.5：100）200倍液防治早期落叶病，或对症选用20%氯虫苯甲酰胺水分散粒剂3 000倍液、43%戊唑醇3 000倍液、5%唑螨酯悬浮剂2 000倍液等高效低风险的杀菌和杀虫杀螨剂。其中，以430克/升戊唑醇悬浮剂3 000倍液＋110克/升乙螨唑悬浮剂6 000倍液药剂组合，对褐斑病和山楂叶螨的防效最好。

②绑扎诱虫带。8月中旬以后，在果树主干第一分枝下10～20厘米处绑扎诱虫带，诱杀叶螨、毒蛾、梨小食心虫、卷叶蛾等越冬害虫。

③秋施基肥。测土配肥，按需施肥，增施有机肥，平衡土壤养分，增强树体免疫力，实现化学农药减量控害，并改善果品品质。

（6）采收后

果实采收7～10天后，选用3～5波美度石硫合剂进行全园细致喷雾，防治早期落叶病、枝干轮纹病以及害螨、卷叶蛾等多种越冬害虫。

3. 技术效果

苹果园化学农药施用次数可降低2次以上，病虫防控效果达到95%以上，化学农药使用量减少45%以上，农药残留量控制在国家规定A级绿色食品农产品标准以内，园内无因病虫落叶，且可将病虫叶/果率、虫梢率控制在5%以内。

4. 适宜地区

适宜于陕西、甘肃、山东、山西、河北、河南等苹果主产区。

5. 注意事项

（1）苹果园全年施药次数，应根据地理位置、海拔、病虫害种类、危害程度、降雨情况等进行合理调整。如低海拔地区（600米以下），病虫害发生较重，全生育期农药施用6～7次；高海拔地区（700米以上），病虫害发生较轻，全生育期农药施用4～5次。

（2）矮化密植、间伐果园，尽量使用风送式果园弥雾机等高效施药器械。传统使用柱塞泵喷雾机喷雾的果园，应选用雾化效果好的改良喷枪。施药后6

小时内若遇有效降雨，应重新补喷。此外，应定期更换磨损的喷嘴。

（撰稿人：范仁俊、刘中芳、高越、史高川、张鹏九、樊建斌、杨静）

第二十四节　甘肃苹果园农药减施增效技术

1. 区域特点及存在问题

甘肃苹果生产区，果农整体植保素质偏低，生产管理水平落后，养成了用高毒、剧毒农药防治苹果病虫害的习惯，不仅防治成本高、防治效率偏低，而且因果园用药次数多，农药残留重，导致果园生态严重恶化，田间自然天敌种类和种群数量明显偏低。

2. 集成技术及技术要点

（1）健身栽培技术

挖除老果树，引进新品种大苗栽培，并通过整形修剪、合理负载、桥接复壮等综合健身栽培措施，增强树势。

（2）诱虫带诱杀技术

早春在果树树干基部涂抹阻隔涂抹剂，阻止叶螨向上、向下转移，控制其上树为害，压低虫口基数、减轻其对苹果树的危害。

（3）黑膜地面覆盖技术

春季结合施肥做垄整地，即以树行为中心，做高20厘米、宽1.5～2.5米的土垄，垄面整平并适当拍实，然后进行覆膜。

（4）果园生草培肥土壤，为天敌创造良好环境

套种箭筈豌豆、三叶草等，改良土壤，提高土壤肥力，改善果园生态环境，抑制病虫发生危害。

（5）悬挂粘虫板

根据害虫不同的喜色本能，从4月下旬至7月下旬，悬挂黄板，高度为1.5～1.8米，主要诱杀白粉虱、苍蝇、潜叶蝇，以及各种蚜虫、蓟马、介壳虫等害虫。

（6）安装太阳能杀虫灯

太阳能杀虫灯不仅可以减少杀虫剂农药施用量的30%，节约农药和人工费，减少环境污染，有效保护害虫天敌，而且具有诱杀力强、对益虫影响较小、集中连片效果好、操作方便成本低、维护生态平衡等优点，具有较好的经济、生态效益。

（7）悬挂性诱剂

诱杀桃小食心虫、梨小食心虫、苹小卷叶蛾、金纹细蛾。金纹细蛾诱芯放

置时间从4月初开始，至10月中旬结束；桃小食心虫诱芯放置时间于5月中下旬开始，至9月下旬结束；梨小食心虫、苹小卷叶蛾诱芯放置时间从4月上旬开始，到9月下旬结束。

(8) 果实套袋

套袋减少了桃小食心虫等蛀果性害虫和苹果炭疽病、轮纹病等果实病害的发生，并可提高果实外观和整洁度，减少农药等有毒物质的直接污染，降低农药等有毒物质的残留。

(9) 冬季病虫防控技术

清园：在果树休眠期彻底清除地面枯枝落叶与杂草，集中烧毁，减少翌年发生虫源。

树干涂白：冬季，对果树树干进行涂白。

刮除树皮：冬季和早春果树萌发前，彻底刮除主干及主枝上的翘皮、粗皮，并集中烧毁，消灭大量的越冬害虫。

束（覆）草诱集：果实收获后进行树干束草诱集越冬雌虫，于翌年早春解冻前取下束草烧毁，可有效降低虫卵基数。

3. 技术效果

化学农药用量减少35%，有效改善果园生态环境，天敌种群数量明显恢复和增长。

4. 适宜地区

适宜于甘肃省静宁县和礼县苹果生产区。

5. 注意事项

应因地制宜，注意静宁县与礼县不同果园的特点。对于静宁县的老果园改造，应注意通过整形修剪、合理负载、桥接复壮等综合健身栽培措施，增强树势。对于礼县果园土壤条件差和生态恶化的情况，应注意套种绿肥植物，如箭筈豌豆、三叶草等，以改良土壤，提高土壤肥力，改善果园生态环境等。

（撰稿人：赵中华、谢晓丽）

第二十五节　甘肃（花牛苹果园）农药减施增效技术

1. 区域特点及存在问题

“花牛苹果”主产自甘肃天水地区，该区属于干旱和半干旱农业区，降雨偏少，90%的果园分布在海拔1 000～1 800米的山台地，年度农药施用7～8

次居多，减药的空间主要在减量，而不在减次。

2. 集成技术及技术要点

（1）健树抗逆技术

按照“吃饱、吃好、喝足、住好、健株、抗逆”的原则进行地下与地上管理。

足量施用有机肥：农家肥施肥量按照不少于斤果斤肥的量施入，力争达到产1千克果，施2～3千克农家肥；商品有机肥施用量无论树龄大小，单株施用量勿少于5千克，在此基础上，依据结果量增加用量，按每产10千克果，增施商品有机肥1千克计算。施用有机肥的同时配施微生物菌肥，菌肥施用依据所购产品推荐用量和使用方法进行。

按需平衡施用化肥：详见第五章第二十三节黄土高原苹果园高效平衡施肥指导意见。

应用植物免疫诱抗产品：在果园喷施农药或追肥时，同步喷施或注射追施碧护、海力佳、天达2116、海藻素、氨基寡糖素 、融地美、EM微生物菌剂或助友宝SOD菌剂等产品提高树体免疫抗逆能力。

采用“行内清耕或覆盖＋行间秋季和春夏季两次人工种草（秋季冬油菜＋春夏箭筈豌豆或毛苕子）”的模式进行土壤和水分管理。方法：沿行向起宽1.5～2米、高10～15厘米的微垄，呈中间略高、两侧略低的拱形。有条件的地块，在起垄覆盖园艺地布前，垄下开沟施足有机肥，起垄后对行间垄沟土地进行平整、旋耕、耙平，在垄两侧挖深宽均为20厘米的沟，以利集雨。春季（4月上中旬）采用撒播的方式播种箭筈豌豆或毛苕子，播种量12～15千克/亩，秋季（8月下旬至9月上旬）采用撒播的方式播种冬油菜，播种量1.5～2千克/亩。播种前先对前茬草进行旋耕（锄），播种后用短齿耙轻耙使种子表面覆土，稍加镇压，有条件的可以喷水以提高出苗率。箭筈豌豆或毛苕子生长季节视生长情况适时刈割或直接碾压于地面，冬油菜在生长期原则上不刈割，待开花时直接进行旋耕（锄），并同步播种箭筈豌豆或毛苕子，同样秋季播冬油菜时将箭筈豌豆或毛苕子也直接进行旋耕（锄）。

疏花疏果，合理负载：依据果园立地条件、树龄、树势、肥水条件等确定合理留果量，并适期做好人工或化学疏花疏果工作。

（2）理化诱控技术

果园悬挂昆虫性信息激素诱捕装置。于3月下旬开始至9月下旬，果园陆续悬挂主要害虫性诱剂（悬挂顺序依次为苹小卷叶蛾、金蚊细蛾、桃小食心虫、梨小食心虫性诱剂诱芯），设置数量5～10个/亩，设置高度1.5～2米，分布方式为梅花式。

果园安装多功能诱虫灯装置。按30～50亩面积设置一台灯。其上同时可悬挂性诱剂诱捕器或糖醋液诱捕器，达到一具多用。

果园悬挂糖醋液诱捕装置。糖醋液配制方法：残次果发酵液：糖：酒：醋：水=1：1：1：4：16，加入少量洗洁精。

树干束诱虫带或纸草。在果实采收前（8 月中下旬），在苹果树主干及大枝基部绑束诱虫带（或瓦楞纸、报纸、草纸，若无条件，亦可用干草），凸凹面向内侧，宽度为 20～30 厘米，以诱集越冬害螨和卷叶蛾幼虫等害虫，待进入冬季后，解下诱集带并集中烧毁。

（3）生物防控技术

自然天敌的保护利用：实施果园生草栽培制度，为天敌提供适宜的生活场所和条件。发挥好天敌（软农药）对病虫害的自然控制作用 。

生物农药和微生物菌剂的利用：选用一批已成熟应用的生物农药，如阿维菌素、多氧霉素、乙基多杀菌素、中生菌素、武夷霉素、宁南霉素、华光霉素、嘧肽霉素、浏阳霉素、日光霉素、农抗 120、鱼藤酮等生物农药和“EM”“助有宝 SOD”等微生物菌剂。

释放天敌昆虫：引进捕食螨等天敌产品，适期释放 。

（4）化学防控技术

按照按需、适时、适量、对症、精准、高效和绿色安全的原则运用化学防治方法。

全年喷药时间与次数：全年喷药 6～8 次，其中：花序分离期、落花后1～2 周、麦收前（6 月中旬）、麦收后（7 月上旬）四个时期是关键喷药时期，要适时精准喷药。

用药方案：在对果园病虫发生情况进行调查的基础上，依据田间病虫害调查结果结合天气状况分析预测主要和次要病虫害的发生趋势，确定靶标病虫，按需、对症、精准用药。原则是选用对症的杀菌剂、杀虫剂、杀螨剂和叶面肥混用喷施。

高效施药技术：选用雾化性好的喷头和便于山地应用的动力喷雾器械，配合应用高效农药助剂，如安融乐、喜施、丝润、云展、杰效力、柔水通等助剂提高施药效果。全年果园基础用药方案（建议）见下表。

甘肃花牛苹果主要病虫害防控措施与基础用药方案

物候期	主要防治对象	主要防控措施
休眠期	腐烂病、落叶病、白粉病、害螨、金纹细蛾、蚧壳虫等	清除枯枝落叶，刮除老粗皮、腐烂病斑，将其深埋或烧毁；结合冬剪，剪除病虫枝、僵果，清扫落叶。萌芽前喷施 3～6 度石硫合剂，或矿物油、噻霉酮、丁香菌酯等

（续）

物候期	主要防治对象	主要防控措施
萌芽至开花前	腐烂病、蚜虫类、卷叶虫、害螨、白粉病等	连续检查、刮除腐烂病斑，对伤口、剪锯口及时涂刷膜泰、喜嘉旺、果康宝等药剂保护；花序分离期喷布腈菌唑（或戊唑醇、氟硅唑、苯醚甲环唑等唑类杀菌剂）＋吡虫啉（或啶虫脒、阿维灭幼脲、氟啶虫胺腈、氯虫苯甲酰胺等杀虫剂）＋四螨嗪（或尼索朗、甲维哒螨灵等杀螨剂或虫螨兼治剂）＋安融乐等助剂＋碧护等叶面肥
花期	霉心病、白粉病、锈病	喷施多抗霉素或中生菌素等杀菌剂＋0.2%～0.3%硼砂＋碧护 10 000 倍液＋宝丰灵 350 倍液
落花后至幼果套袋前	白粉病、锈病、斑点落叶病、蚜虫类、卷叶虫类、金纹细蛾、害螨、蚧壳虫等	落花后 1～2 周喷布代森锰锌（或吡唑醚菌酯、代森联、噁唑菌酮、多抗霉素等保护性杀菌剂）＋四螨嗪（或噻螨酮、螺螨酯、溴螨酯、乙唑螨腈等杀螨剂）＋苦参碱（或乙基多杀菌素、阿维菌素、灭幼脲等杀虫剂）＋安融乐（或喜施、丝润、杰效力、柔水通等助剂）＋叶面肥；及时剪除白粉病病梢、卷叶虫虫苞。陆续悬挂苹小卷叶蛾、金蚊细蛾、桃小等害虫性诱剂诱捕装置和糖醋液诱捕装置
果实膨大期	食心虫、害螨类、卷叶虫、蚜虫、褐斑病、果实红黑点病等	6 月上旬用 30%福连（多戊复配剂）或福涂悬浮剂 100 倍液喷布苹果树主干和大枝基部，6 月上旬至 8 月上旬依据病虫发生情况用波尔多液、氢氧化铜或其他保护性杀菌剂与吡唑醚菌酯（或戊唑醇、氟环唑、甲基硫菌灵等治疗性杀菌剂）交替或混合喷施，依据虫情加用高效低毒的杀虫剂和杀螨剂。喷药间隔期 15～20 天。每次喷药可加用叶面肥。8 月下旬开始，在树主干及大枝基部绑专用诱虫带
果实采收前后	害螨、大青叶蝉、食心虫等	采前 20～30 天喷施喷萘乙酸＋钙肥＋咪鲜胺（或甲基硫酸灵、异菌脲、抑霉唑等杀菌剂）；幼树树干涂白防止大青叶蝉产卵，兼治其他枝干病虫害
落叶期前后	腐烂病、绵蚜等	落叶后全园喷一次清园药剂，以防治腐烂病药剂为主

3. 技术效果

化学农药利用率提高 12%以上，化学农药施用量减少 30%以上，平均每亩增产 5%以上，优质果率提高 20%以上。

4. 适宜地区

适宜于甘肃、山西、陕西元帅系苹果产区。

（撰稿人：呼丽萍、邹亚丽）

第二十六节　陕西（渭北）苹果园农药减施增效技术

1. 区域特点及存在问题

陕西黄土高原地区土壤有机质含量低、树势弱、果园老化郁闭，病虫基数庞大，腐烂病、早期落叶病、轮纹病、病毒病、蚜虫、叶螨、金纹细蛾等威胁性病虫害普遍发生。生产上，果农对苹果病虫害的防控主要依赖化学手段，措施单一，种类和剂量的合理性和针对性较差。

2. 集成技术及技术要点

（1）强健树势

从果园土壤肥力提升、合理负载、免疫诱抗三个角度来增加树体免疫力，减轻病虫害发生。具体技术包括有机肥增施、果园生草、合理修剪与间伐、免疫诱抗等。有机肥增施应根据实际条件，因地制宜，可施用腐熟粪肥、堆沤肥、沼液、豆粕、腐殖酸肥等；果园生草可自然生草，或种植油菜或黑麦草，应根据生长情况适时刈割；对高龄密闭果园，可通过逐年去除大主枝的方式来提干，必要时可以间伐，以减少郁闭增加通风透光；最后，可以结合根施和叶面喷施措施，施用枯草芽孢杆菌类生防菌剂、寡糖类免疫诱抗剂来诱导苹果树体抗性，增强树势。

（2）重要病虫害的依律防控

腐烂病是弱寄生菌，树体氮钾比失衡、营养不佳所造成的树势衰弱是我国苹果腐烂病大发生的重要原因。因此，腐烂病的防控应在做好刮治、枝干淋药等常规措施的基础上，注重从根本上改善栽培管理措施，实现树体的营养再平衡。通过增施钾肥、有机肥等措施促进树体吸收钾等抗性元素，同时严格控制氮肥施用，调控氮钾比，提高树体抗性，逐年降低腐烂病发生率。针对早期落叶病、炭疽叶枯病等多循环叶部病害，应做好前期预防，阻断再侵染。防治时应抓住6月的防控关键期，提早施用保护剂，及时施用内吸杀菌剂，保障合理的施药间隔期（20天左右）。同时密切关注地方天气预报，雨前2～3天或连阴降雨间隔期做好喷药。重视波尔多液等保护剂的施用，避免相同机制内吸杀菌剂的重复施用，减少抗药性风险。

（3）药械改良，助剂添加

破除“大容量、大雾滴、少耗时”的粗放习惯，使用小孔径喷头，增加雾化效果，增加药剂的叶片附着率。同时，通过添加助剂，适当降低喷药的每亩用水量，从而提高农药利用率。

（4）替代减量

针对蛾类害虫，果园内可以适期悬挂苹小卷叶蛾诱芯、金纹细蛾诱芯等性信息素类干扰诱捕产品，减少雌虫交配繁殖的机会，从而减少子代幼虫的发生量，保护寄主免受虫害。针对螨类害虫，果园内可花后适时释放胡瓜钝绥螨等捕食螨，防控山楂叶螨、苹果全爪螨、二斑叶螨等螨虫。如释放捕食螨，应严格控制果园杀螨剂的施用量。

3. 技术效果

农药利用率提高了12%、化学农药施用量减少35%以上，平均每亩增产3%以上。

4. 适宜地区

适宜于陕西渭北黄土高原乔砧苹果园。

5. 注意事项

（1）注重栽培管理，改良土壤微环境，改善果园生态，降低病虫害发生的概率。

（2）科学、合理使用化学药剂。把握时期、剂量、配伍、间隔期的合理性。

（3）注意统筹生物防治与化学防治，如捕食螨释放后应严格控制果园杀螨剂的使用。

（撰稿人：梁晓飞、朱明旗、孙广宇）

附录一　苹果绿色生产常用肥料及特性

一、氮肥

1. 铵态氮肥

（1）碳酸氢铵

碳酸氢铵简称碳铵。主要成分的分子式为 NH_4HCO_3，含氮 17%左右。碳铵是一种无色或白色化合物，呈粒状、板状、粉状或柱状细结晶，比重 1.57，容重 0.75，易溶于水，0℃时的溶解度为 11%，20℃时为 21%，40℃时为 35%。碳铵在常温下（20℃），很容易分解为氨、二氧化碳和水，所以分解的过程是一个氮素损失和加速潮解的过程，是造成贮藏期间碳铵结块和施用后可能灼伤作物的基本原因。碳铵的合理施用原则和方法：一是掌握不离土、不离水和先肥土、后肥苗的施肥原则。把碳铵深施覆土，使其不离开水土，有利于土壤颗粒对铵的吸附保持，持久不断地对作物供肥。二是要尽量避开高温季节和高温时间施用，碳铵应尽量在气温 $<$ 20℃的季节施用，一天当中则应避开中午气温较高的时段施用，以减少碳铵施用后的分解挥发，提高碳铵利用率。可将碳铵与其他品种氮肥搭配施用，低温季节用碳铵，而高温季节选用尿素或硫酸铵等。

（2）硫酸铵

硫酸铵简称硫铵，俗称肥田粉。主要成分的分子式为 $(NH_4)_2SO_4$，含氮量为 20%～21%。硫酸铵肥料为白色结晶，若为工业副产品或产品中混有杂质时常呈微黄、青绿、棕红、灰色等杂色。硫酸铵肥料较为稳定，分解温度为 280℃，不易吸湿，20℃时的临界吸湿点在相对湿度 81%。易溶于水，0℃时水溶溶解度为 70 克，肥效较快且稳定。硫酸铵肥料中除含有氮之外，还含硫 25.6%左右，也是一种重要的硫肥。硫铵可作基肥、追肥。作基肥时，旱地或水田结合耕作进行深施，以利于保肥和作物吸收利用，在旱地或雨水较少的地区，基肥效果更好。作追肥时，旱地可在作物根系附件开沟条施或穴施，干、湿施均可，施后覆土。

（3）氯化铵

氯化铵肥料简称氯铵。主要成分的分子式为 NH_4Cl。氯铵肥料为白色结晶，含杂质时常呈黄色，含氮量为 24%～25%。氯铵临界吸湿点较高，20℃时临界点为相对湿度 79.3%，易结块，甚至潮解。20℃时，100 克水中可溶解氯铵37克。氯铵肥效迅速，属于生理酸性肥料。氯铵进入土壤后铵根离子被土壤颗粒吸附，氯离子与土壤中两价、三价阳离子形成可溶性物质，增加土壤中盐基离子的淋洗或积累，长期施用或造成土壤板结，或造成更强的盐渍化。因此，在酸性土壤上施用应适当配施石灰，在盐渍土上应尽可能避免大量施用，氯铵不宜作种肥，以免影响种子发芽及幼苗生长。此外，还应注意明显"忌氯"的作物应避免施用，例如马铃薯、亚麻、烟草、甘薯、茶等作物。

2. 硝态氮肥

（1）硝酸铵

硝酸铵肥料简称为硝铵。其有效成分分子式为 NH_4NO_3。硝铵肥料含氮率为33%～35%。目前生产的硝铵主要有两种：一种是结晶的白色细粒，另一种是白色或浅色黄色颗粒。细粒状的硝铵吸湿性很强，容易结块，空气湿度大的季节会潮解变成液体，湿度变化剧烈和无遮盖贮存时，硝铵体积可以增大，以致包装破裂，贮存时应注意防潮。硝铵肥料施入土壤后，很快溶解于土壤溶液中，能够被植物很快吸收利用，属于生理中性肥料。由于硝铵具有很好的移动性，除特殊情况外，一般不将硝铵作基肥和雨季追肥施用。同时硝铵不宜作种肥，因为其吸湿溶解后盐渍危害严重，影响种子发芽及幼苗生长。由于硝铵具有爆炸性，所以一般以改性的方式存在于市面上。重要的硝铵改性氮肥主要有硝酸铵钙和硫硝酸铵。硝酸铵钙又名石灰硝铵，其主要成分为 NH_4HO_3、$CaCO_3$，含氮率约20%。硫硝酸铵则由硝铵与硫铵混合共熔而成；或由硝酸硫酸混合后吸收氨，结晶、干燥成粒而成。

（2）硝酸钠

硝酸钠又名智利硝石，因盛产于智利而闻名。其有效成分分子式为 $NaNO_3$。硝酸钠含氮量为15%～16%，商品呈白色或浅色结晶，易溶于水，10℃时每100毫升溶解硝酸钠96克，20℃临界吸湿点为相对湿度74.7%。连续使用硝酸钠肥料可能会造成局部土壤pH上升，钠离子积累，甚至还可能会影响土壤理化性状。国外长期将硝酸钠施用于烟草、棉花等旱作物上，肥效较好。对一些喜钠作物，如甜菜、菠菜等肥效常高于其他氮肥。

（3）硝酸钙

硝酸钙常由碳酸钙与硝酸反应生成，也是某些工业流程的副产品。其有效成分分子式为 $Ca(NO_3)_2$。硝酸钙纯品为白色细结晶，肥料级硝酸钙为灰色或淡黄色颗粒，其含氮率为13%～15%。硝酸钙肥料极易吸湿，20℃时临界湿点为相对湿度54.8%，很容易在空气中潮解自溶，贮运中应注意密封。硝酸钙易溶于水，水溶液呈酸性。硝酸钙在作物吸收过程中表现出较弱的碱性，但由于含有充足的钙离子并不致引起副作用，故适用于多种土壤和作物。含有

19%的水溶性钙对蔬菜、果树、花生、烟草等作物尤其适宜。

3. 酰胺态氮肥

尿素是人工合成的第一个有机化合物，含氮率为46%，普通尿素为白色结晶，呈针状或棱柱状晶体，吸湿性强，目前生产的尿素肥料多为颗粒状。在气温20℃以下时，吸湿性较弱。随着气温升高，其吸湿性明显增强。尿素易溶于水，20℃时的溶解度为100毫升水溶解尿素105克。尿素为中性有机分子，在水解转化前不带负电，不易被土粒吸附，故很容易随水移动和流失。尿素可用作基肥和追肥。因其供应养分快、养分含量高、物理性状好，尤其适合于作肥施用，有条件时，追肥要深施，要保证以水带肥，以减少肥料损失数量。

4. 缓释氮肥

缓释氮肥又称长效氮肥，是指由化学或物理法制成能延缓养分释放速率，可供植物持续吸收利用的氮肥，如脲甲醛、包膜氮肥等。一般将长效氮肥分为两类：一是合成的有机长效氮肥，二是包膜氮肥。

（1）合成有机长效氮肥

合成有机长效氮肥主要包括尿素甲醛聚合物、尿素乙醛聚合物以及少数酰胺类化合物。

①脲甲醛。代号UF，是以尿素为基体加入一定量的甲醛经催化剂催化合成的一系列直链化合物。脲甲醛的主要成分为直链聚合物，含尿素分子2～6个，为白色颗粒或粉末状的无臭固体，其成分依尿素与甲醛的摩尔比（U/F）、催化剂及反应条件而定。脲甲醛肥料可作基肥一次性施用，但对生长期比较旺盛的作物，往往显得氮素营养不足，因此，必须配合施用一些速效氮肥。脲甲醛施于沙质土壤，其效果往往优于速效氮，施用脲甲醛成本较高，因此常用于草地、观赏植物、果树以及其他一些多年生植物上。

②脲乙醛。代号CDU，又名丁烯叉二脲，由乙醛缩合为丁烯叉醛，在酸性条件下再与尿素结合而成。脲乙醛为白色粉末状，含氮量为28%～32%。脲乙醛在酸性土壤上的供肥速率大于在碱性土壤上的供肥速率。脲乙醛在速生型作物上或作物需肥量较大的时期施用应配合施用速效氮肥。

③脲异丁醛。代号IBDU，又名异丁叉二脲，是尿素与异丁醛缩合的产物。脲异丁醛肥料为白色颗粒状或粉末，含氮率在31%左右，不吸湿，水溶性低。室温下，100毫升水的溶出物只含有0.01～0.1克氮。施用方法灵活，可单独施用，也可作为混合肥料或复合肥料的组分。可按任何比例与过磷酸钙、磷酸二铵、尿素、氯化钾等肥料混合施用。

（2）包膜缓释氮肥

包膜缓释氮肥是指以降低氮肥溶解性能和控制养分释放速率为主要目的，在肥料颗粒表面包覆一层或数层半透性的物质制成的肥料，如硫黄包膜尿素、树脂包膜尿素等。

①硫黄包膜尿素。代号 SCU，简称硫包尿素。含氮率范围在 10%～37%，取决于硫膜的厚度，一般通过硫膜的厚度可改变其氮素释放速率。硫包膜尿素能够减缓氮素的溶解，有效提高氮素利用率，同时包膜材料——硫进入土壤后会氧化转化为硫酸，能够在碱性土壤中起到很好的 pH 调节作用。

②树脂包膜氮肥。采用聚乙烯、聚丙烯、石蜡等憎水性材料作为包覆膜层，能够有效减缓氮素的施肥，施肥周期能够控制 30 天至数年之久，所以树脂包膜氮肥的使用范围最为广泛，不仅减少了肥料的施用量，而且能够有效提高养分利用率，目前是我国市场上主流的包膜肥料。用树脂包膜的氮肥主要有尿素等，采用特殊工艺可以使膜材上产生一定比例和大小的细孔，能够起到半透膜的作用。当土壤温度升高、水分增多时，肥料将逐渐向作物释放氮素。树脂包膜肥料不会结块也不会散开，可以与种子进行同播，能够有效减少施肥次数节省劳动力。根据不同土壤、气候条件和作物营养阶段特性控制包膜的厚度或选择不同包膜厚度肥料的组合，即可较好地满足整个作物生长期的氮素养分供应。

二、磷肥

1. 普通过磷酸钙

普通过磷酸钙是我国使用量最大的一种水溶性磷肥，其有效磷含量较低，主要化合物为 $Ca(H_2PO_4)_2 \cdot H_2O$ 和 $CaSO_4 \cdot 2H_2O$，85%～87%溶于水，其余溶于柠檬酸盐，通常结块。含磷量一般为 16%～22%（以 P_2O_5 计），除含有磷外，同时含有硫（10%～20%）、钙（20%）等其他多种营养元素。供给植物磷、钙、硫等元素，具有改良碱性土壤作用。可用作基肥、追肥、叶面喷洒。与氮肥混合使用，有固氮作用，减少氮的损失。能促进植物的发芽、长根、分枝、结实及成熟，可用作生产复混肥的原料。

2. 重过磷酸钙

重过磷酸钙，又名磷酸一钙，成分 $Ca(H_2PO_4)_2 \cdot H_2O$，能溶于水，肥效比过磷酸钙（普钙）高，最好跟农家肥料混合施用，但不能与碱性物质混用，会发生反应（$H_2PO_4^- + 2OH^- = 2H_2O + PO_4^{3-}$）生成难溶性磷酸钙而降低肥效。能够用于各种土壤和作物，可作为基肥、追肥和复合（混）肥原料。广泛适用于水稻、小麦、玉米、高粱、棉花、瓜果、蔬菜等各种粮食作物和经济作物。重过磷酸钙的有效施用方法与普通过磷酸钙相同，可作基肥或追肥。因其有效磷含量比普通过磷酸钙高，其施用量根据需要可以按照五氧化二磷含量，参照普通过磷酸钙适量减少。属微酸性速效磷肥，是目前广泛使用的浓度最高的单一水溶性磷肥，肥效高，适应性强，具有改良碱性土壤作用。主要供给植物磷元素和钙元素等，促进植物发芽、根系生长、植株发育、分枝、结实及成熟。可用作基肥、种肥、追肥、叶面喷洒及生产复混肥的原料。既可以单独施用也可与其他养分混合使用，若和氮肥混合使用，则具有一定的固氮作用。

3. 磷酸二铵

磷酸二铵又称磷酸氢二铵（DAP），含氮、磷两种营养成分，其主要成分分子式为（NH_4）$_2$ HPO_4。呈灰白色或深灰色颗粒，比重 1.619，易溶于水，不溶于乙醇。有一定吸湿性，在潮湿空气中易分解，挥发出氨变成磷酸二氢铵。水溶液呈弱碱性，pH8.0。易溶于水，溶解后固形物较少，适合于各种农作物对氮、磷元素的需要，尤其适合于干旱少雨的地区作基肥、种肥、追肥。

4. 钙镁磷肥

钙镁磷肥又称熔融含镁磷肥，是一种含有磷酸根（PO_4^{3-}）的硅铝酸盐玻璃体，无明确的分子式与分子量，一般为灰绿色或灰棕色粉末，钙镁磷肥不仅提供 12%～18%的低浓度磷，还能提供大量的硅、钙、镁。钙镁磷肥占中国磷肥总产量 17%左右。它是磷矿石与含镁、硅的矿石，在高炉或电炉中经过高温熔融、水淬、干燥和磨细而成。主要成分包括 Ca_3（PO_4）$_2$、$CaSiO_3$、$MgSiO_3$，P_2O_5 含量 12%～18%，CaO 含量 45%，SiO_2 含量 20%，MgO 含量 12%，是一种多元素肥料，水溶液呈碱性，可改良酸性土壤。

磷肥品种的选择可参照以下原则：①在同等或相似肥效下，磷肥品种优先选择的次序为难溶性、弱酸溶性、水溶性。一般来说，在碱性或石灰性土壤上，水溶性磷肥或高水溶性的磷肥比较合适；在酸性土壤上，磷肥的水溶性并不太重要，水溶性很低的肥料同样有效，甚至更有效。对于生长期较短的作物，则需选用水溶性高的磷肥。②根据作物营养特性，确定合理的氮磷比为 20∶（5～10）是充分发挥氮、磷肥增产、增收效果的重要前提。③在土壤同时缺乏硫、镁、钙、硅等其他营养元素的情况下，尽可能选择含有相应元素的磷肥品种。施肥基本要求：①合理确定磷肥的施用时间，一般规则是水溶性磷肥不宜提早施用，以缩短磷肥与土壤的接触时间，减少磷被固定的数量，而弱酸溶性和难溶性磷肥往往应适当提前施用。多数情况下，磷肥不作追肥撒施，因为磷在土壤中移动性很小，不易到达根系密集层。②正确选用磷肥的施用方式。磷肥的施用，以全层撒施和集中施用为主要方式，集中施用又分为条施和穴施等方式。全层撒施是将肥料均匀撒在土壤表面，然后翻入土中。这种施用方式会增强磷肥与土壤的接触反应，尤其是酸性土壤上可使水溶性磷肥有效性大大降低。集中施肥能够减少与土壤接触的机会，尤其适合在固磷能力强的土壤上施用水溶性或水溶率高的磷肥。此外，水溶性磷肥与有机肥配合施用也是提高磷肥利用率的重要途径。土壤中加入有机肥后可显著降低土壤中磷的固定量。

三、钾肥

1. 硫酸钾

硫酸钾，化学式 K_2SO_4，是一种无机盐，一般钾含量为50%～52%、硫含量约为18%。硫酸钾纯品是无色结晶体，农用硫酸钾外观多呈淡黄色。硫酸钾的吸湿性小，不易结块，物理性状良好，施用方便，是很好的水溶性钾肥。硫酸钾特别适用于忌氯喜钾的经济作物，如烟草、葡萄、甜菜、茶树、马铃薯、亚麻及各种果树等。硫酸钾为化学中性、生理酸性肥料，适用于多种土壤（不包括淹水土壤）和作物。施入土壤后，钾离子可被作物直接吸收利用，也可以被土壤胶体吸附。在缺硫土壤上对十字花科作物等需硫较多的作物施用硫酸钾，效果更好。

2. 氯化钾

氯化钾，化学式为 KCl，是一种无色细长菱形或立方形晶体，或白色结晶小颗粒粉末，外观如同食盐，无臭、味咸，K_2O 含量 50%～60%，属于化学中性、生理酸性肥料。进入土壤后变化与硫酸钾相同，只是生成物不同。在中性和石灰性土壤中生成氯化钙，在酸性土壤中生成盐酸。所生成的氯化钙溶解度大，在多雨地区、多雨季节或在灌溉条件下，能随水淋洗至下层，一般对植物无毒害，在中性土壤中会造成土壤钙的淋失，使土壤板结；在石灰性土壤中，有大量碳酸钙存在，因施用氯化钾所造成的酸度可被中和并释放出有效钙，不会引起土壤酸化；而在酸性土壤中生成的盐酸，能增强土壤酸性，因此在酸性土壤上长期大量施用氯化钾，会加重作物受酸和铝的毒害，所以在酸性土壤上施用，应配合施用石灰及有机肥料。氯化钾可作为基肥、追肥。因氯离子抑制种子发芽及幼苗生长，故不宜作种肥，对忌氯植物及盐碱地也不宜施用。

四、水溶肥料

水溶肥料是指能够完全溶解于水的含氮、磷、钾、钙、镁、微量元素、氨基酸、腐殖酸、海藻酸等复合型肥料。从形态上分为固体水溶肥和液体水溶肥两种；从养分含量上分为大量元素水溶肥料、中量元素水溶肥料、微量元素水溶肥料、含氨基酸水溶肥料、含腐殖酸水溶肥料、有机水溶肥料等。与传统的过磷酸钙、造粒复合肥等品种相比，水溶性肥料具有明显的优势。它是一种速效性肥料，水溶性好、无残渣，可以完全溶解于水中，能被作物的根系和叶面直接吸收利用。采用水肥同施，以水带肥，实现了水肥一体化，它的有效吸收率高出普通化肥一倍多，达到80%～90%；而且肥效快，可解决高产作物快速生长期的营养需求；配合滴灌系统需水量仅为普通化肥的30%，而施肥作业几乎可以不用人工，大大节约了人力成本。水溶肥料作为一种新型肥料，与传统肥料相比，不但配方多样，施用方法也非常灵活，可以土壤浇灌，让植物根部全面接触到肥料，充分吸收各种营养元素；可以叶面喷施，养分通过叶面气孔进入植物内部，提高肥料吸收利用率；也可以滴灌和无土栽培，节约灌溉水并提高劳动生产效率。施肥过程中，为达到最佳效果，要结合水溶性肥料的特点，掌握一定的施肥技巧。

（1）避免直接冲施，要采取二次稀释法

由于水溶性肥料有别于一般的复合肥料，所以不能够按常规施肥方法，造成施肥不均匀，出现烧苗伤根，苗小苗弱等现象，应二次稀释保证冲肥均匀，提高肥料利用率。

（2）严格控制施肥量

水溶肥比一般复合肥养分含量高，用量相对较少。由于其速效性强，难以在土壤中长期存留，所以要严格控制施肥量，避免肥料流失。

（3）尽量单用或与非碱性的农药混用

比如在蔬菜上出现缺素症或根系生长不良时，不少农民多采用喷施水溶肥的方法加以缓解。水溶肥要尽量单独施用或与非碱性的农药混用，以免金属离子起反应产生沉淀，造成叶片肥害或药害。

五、微生物肥料

微生物肥料是由一种或数种有益微生物，经工业化培养发酵而成的生物性肥料。通常把微生物肥料分为两类：一类是通过其中所含微生物的生命活动，增加了植物营养元素的供应量，导致植物营养状况得到改善，进而增加产量，其代表品种是菌肥；另一类是广义的微生物肥料，虽然也是通过其所含的微生物生命活动作用使作物增产，但它不是仅限于提高植物营养元素的供应水平，还包括了它们所产生的次生代谢物质，如植物生长调节剂类物质对植物的刺激作用。按微生物种类可分为五大类：①细菌类肥料（如根瘤菌肥、固氮菌肥、解磷菌肥、解钾菌肥、光合菌肥）；②放线菌类肥料（如抗生菌肥）；③真菌类肥料（菌根真菌肥：包括外生菌根菌剂和内生菌根菌剂）；④藻类肥料（如固氮蓝藻菌肥）；⑤复合型微生物肥料，即肥料由两种以上微生物按一定比例组合形成。与其他肥料一样，正确地施用微生物肥料才能发挥其肥效。微生物肥料的有效使用条件如下。

（1）禁止与化肥、农药、杀虫剂等合用、混用。

（2）与所使用地区的土壤、环境条件相适宜。微生物菌肥在土壤持水量30%以上、土温度10～40℃、pH5.5～8.5的土壤条件下均可施用。但是，不同微生物具有不同的生态适应能力，因而微生物肥料在推广使用前，要进行科学的田间试验，以确定其肥效。

（3）对温度、水分有一定要求。避免在高温干旱条件使用。在高温干旱条件下，微生物的生存和繁殖就会受到影响，不能发挥良好的作用。应选择阴天或晴天的傍晚使用这类肥料，并结合盖土、盖粪、浇水等措施，避免微生物肥料受阳光直射或因水分不足而难以发挥作用。此外，如根瘤菌、菌根真菌肥料等对宿主有很强的专一性，使用时应予考虑。

六、有机肥料

有机肥料指主要来源于植物和（或）动物，经过发酵腐熟的含碳有机物料，其功能是改善土壤肥力、提供植物营养和提高作物品质。有机肥料来源广，种类多，供肥特征差异大，简要可划分为9类。

（1）粪尿肥类

包括人粪尿、家畜粪尿、禽粪等。

①人粪尿。有机质含量较少、氮含量较高、C/N小，易分解，养分供应速度快。施用前需进行厌氧发酵进行无害化处理。

②家畜粪尿。猪粪质地较细，含有较多的有机质和氮、磷、钾养分，C/N较低，分解较慢。牛粪是一种分解腐熟慢、发热量小的冷性肥料。马粪中有机物含量高，养分含量中等，腐熟过程中能产生较多的热量。羊粪养分含量较高，迟速兼备，肥分浓厚。兔粪各方面特性与羊粪相似，很易腐熟，施入土中分解较快，肥效容易发挥。

禽粪是鸡粪、鸭粪、鹅粪、鸽粪等的总称，禽粪中养分含量较家畜粪尿高，而且养分比例均衡，容易腐熟。禽粪中氮素以尿酸态为主，尿酸盐类不能直接被作物吸收利用。

（2）堆沤肥类

包括堆肥、沤肥、秸秆还田及沼气发酵肥等，各种原料制成的堆肥都含有大量有机质，养分浓度不高，C/N比较低。

（3）秸秆肥类

秸秆是一类数量极其丰富、能直接利用的有机肥料资源。秸秆中的有机成分主要是纤维素、木质素、蛋白质、淀粉等，还含有一定数量的氨基酸，其中以纤维素和半纤维素为主，木质素和蛋白质等次之。不同种类秸秆含有的养分数量有差异，通常豆科作物和油料作物的秸秆含氮较多；旱生禾谷类作物的秸秆含钾较多；水稻茎叶中含硅丰富；油菜秸秆含硫较多。秸秆中的养分绝大部分为有机态，经矿化后方能被作物吸收利用，肥效较长。

（4）绿肥类

包括紫云英、苕子、金花菜、紫花苜蓿、草木樨等；中等C/N；豆科绿肥C/N为10左右，养分供应大。绿肥鲜草含氮量为0.3%～0.6%，一般翻埋1 000千克豆科绿肥鲜草所提供的N：P_2O_5：K_2O为5：1：4左右，施用15吨/公顷绿肥可为后季作物提供30%～60%所需施氮量。绿肥含有各种营养成分，其中氮、钾含量较高，磷相对较低，且含有一定量的微量营养元素等。绿肥的养分含量依绿肥种类、栽培条件、生育期等不同而异。

（5）土杂肥类

指以杂草、垃圾、灰土等所沤制的肥料，主要包括各种土肥、泥肥、糟渣肥、骨粉、草木灰、屠宰场废弃物及城市垃圾等，养分含量较低。

（6）饼肥类

包括大豆饼、花生饼、菜籽饼和茶籽饼等，低C/N，养分供应所含养分完全，浓度较高，粉碎程度越高，腐烂分解和产生肥效就越快。一般饼肥含有机质75%～85%，氮（N）2%～7%，磷（P_2O_5）1%～3%，钾（K_2O）1%～2%，其C/N为8～20，极易分解腐烂，其作用接近于等养分的化肥。

（7）海肥类

包括鱼类、鱼杂类、虾类、虾杂类等，低C/N。鱼杂肥和虾蟹类含氮、磷较多；贝壳类除含氮、磷、钾外，富含碳酸钙，海星类中氮、磷、钾较多，这类肥料中的氮大多以蛋白态存在，大部分磷为有机态，贝壳类中的磷以磷酸三钙为主。同时，它们均含有一定数量的有机质，其中以鱼杂肥和虾蟹类较多。这类肥料需经沤制后方能施用，属迟效性肥料，宜作基肥施用。

（8）腐殖酸类

包括褐煤、风化煤、腐殖酸钠等；兼有机肥料和无机化肥两者的优点，具有肥效和刺激生长两种特性；其阳离子交换容量（CEC）较高，有很好的缓冲性能。

（9）沼肥

包括沼渣、沼液。沼渣是由部分未分解的原料和新生的微生物菌体组成，分为三部分：一是有机质、腐殖酸，对改良土壤起着主要作用；二是氮、磷、钾等元素，满足作物生产需要；三是未腐熟原料，施入农田继续发酵，释放肥分。沼液中含有丰富的氮、磷、钾、钠等营养元素。

（撰稿人：程冬冬、葛顺峰、朱占玲）

附录二　苹果绿色生产常用农药及特性

一、杀虫剂

1. 高效氯氰菊酯

（1）作用特点

高效氯氰菊酯对害虫具有触杀和胃毒作用，杀虫速效，并有杀卵活性。能与害虫钠通道相互作用，从而破坏神经系统。在植物上具有良好的稳定性，耐雨水冲刷。对果树上的鳞翅目、半翅目、双翅目、鞘翅目害虫具有较好的杀灭效果。

（2）防治对象与使用方法

对鳞翅目幼虫效果好，如果树常见的食心虫、卷叶蛾、毒蛾、刺蛾等；对半翅目、双翅目、膜翅目、鞘翅目害虫也具一定防效，如蝽类、蚊蝇类、蜂类及金龟、象甲等害虫。可用4.5%高效氯氰菊酯乳油兑水1 500～3 000倍液进行喷施。

2. 高效氯氟氰菊酯

（1）作用特点

高效氯氟氰菊酯对害虫具有强烈的触杀和胃毒作用，也有驱避作用，无内吸作用。杀虫谱广、高效、作用快，对螨类也有一定防效。耐雨水冲刷。

（2）防治对象与使用方法

可用于防治鳞翅目、鞘翅目、半翅目和双翅目等多种害虫。防治桃小食心虫，在成蛾产卵盛期施药，可使用25克/升高效氯氟氰菊酯乳油兑水4 000～5 000倍液进行喷施，可兼治苹小卷叶蛾等鳞翅目害虫。

3. 联苯菊酯

（1）作用特点

联苯菊酯具有触杀和胃毒作用，兼具驱避和拒食作用，无内吸和熏蒸作用。击倒速度快，持效期长，是拟除虫菊酯类产品中对螨类具有高效的品种，尤其在害虫和害螨并发时使用，省时省药。

（2）防治对象与使用方法

适用于果树上防治鳞翅目幼虫、蚜虫、叶蝉、叶螨等。防治苹果树桃小食心虫、潜叶蛾、苹果叶螨等害虫，在害虫卵孵化盛期或叶螨发生期，可用25克/升联苯菊酯乳油兑水800～1 250倍液进行喷施。

4. 甲氰菊酯

（1）作用特点

甲氰菊酯对害虫具有触杀、胃毒和一定的驱避作用，无内吸和熏蒸作用。杀虫谱广，残效期长。对多种叶螨有良好的防效，对鳞翅目幼虫高效，对半翅目和双翅目害虫也有一定效果。

（2）防治对象与使用方法

可防治果树红蜘蛛、卷叶蛾、食心虫、蚜虫等。防治苹果全爪螨、山楂叶螨可使用20%乳油兑水2 000～3 000倍液喷施；防治桃小食心虫，于田间卵果率达1%时，用20%乳油兑水2 000～3 000倍液喷施，施药2次左右，间隔10天左右。

5. 溴氰菊酯

（1）作用特点

溴氰菊酯以触杀、胃毒作用为主，对害虫有一定驱避与拒食作用，无内吸、熏蒸作用。作用部位在神经系统，为神经毒剂，使昆虫过度兴奋、麻痹而死。杀虫谱广，击倒速度快，但对螨类无效。

（2）防治对象与使用方法

适用于防治果树上的多种害虫，尤其对鳞翅目幼虫及蚜虫杀伤力大。防治食心虫，于卵孵化盛期，幼虫蛀果前施药，可用25克/升溴氰菊酯乳油兑水2 500～5 000倍液进行喷雾，可兼治蚜虫等害虫。

6. 螺虫乙酯

（1）作用特点

螺虫乙酯具有独特的作用特征，是具有双向内吸传导性能的新型杀虫剂。该化合物可以在整个植物体内向上向下移动，抵达树皮，从而防治树皮上的害虫。其独特的内吸性可保护新生茎、叶和根部，防止害虫的卵和幼虫生长。其持效期可达30天以上。

（2）防治对象与使用方法

螺虫乙酯广谱高效，可有效防治各种刺吸式口器害虫，如叶螨、蚜虫、蓟马、木虱、粉蚧、粉虱和介壳虫等。其对瓢虫、食蚜蝇和寄生蜂等果园重要天敌安全，具有良好的选择性。防治苹果绵蚜可用22.4%螺虫乙酯悬浮剂兑水3 000～4 000倍液进行喷施，发生严重时建议连续喷药2次。

7. 吡蚜酮

（1）作用特点

吡蚜酮对害虫具有触杀作用，同时兼具内吸活性。在植物体内既能在木质部输导也能在韧皮部输导，因此既可用作叶面喷雾，也可用于土壤处理。由于其良好的输导特性，在茎叶喷雾后新长处的枝叶也可以得到有效保护。

（2）防治对象与使用方法

可用于防治大部分半翅目害虫，尤其是蚜虫、粉虱及叶蝉等果树害虫。可用50%吡蚜酮可湿性粉剂兑水5 000倍液进行喷施。

8. 吡虫啉

（1）作用特点

吡虫啉主要用于防治刺吸式口器害虫。对害虫具有胃毒作用，害虫接触药剂后，中枢神经正常传导受阻，使其麻痹死亡。速效性好，施药后1天即有较高的防效。药效和温度呈正相关，温度高杀虫效果好。

（2）防治对象与使用方法

主要用于防治果树上的刺吸式口器害虫，如蚜虫、叶蝉、蓟马等，对龟纹瓢虫和黑肩绿盲蝽有一定杀伤作用。防治苹果树蚜虫可用10%吡虫啉可湿性粉剂兑水2 000～4 000倍液进行喷施。

9. 啶虫脒

（1）作用特点

具有较强触杀、胃毒、强渗透作用，对天敌杀伤力小，对鱼毒性较低，对蜜蜂影响小，对人、畜、植物安全。

（2）防治对象与使用方法

对果树上刺吸式口器害虫如蚜虫、蓟马、粉虱等防效良好。杀虫速效性与持效期均表现优异。防治苹果树蚜虫可用3%啶虫脒微乳剂兑水2 000～2 500倍液进行喷施。

10. 氟啶虫胺腈

（1）作用特点

氟啶虫胺腈可经叶、茎、根吸收而进入植物体内，能有效防治刺吸式害虫。氟啶虫胺腈与新烟碱类和其他已知类别杀虫剂均无交互抗性，对非靶标节肢动物毒性低，具有高效、广谱、安全、快速、残效期长等特点。

（2）防治对象与使用方法

氟啶虫胺腈可用于防治蚜虫、蝽、蚧壳虫、蓟马等多种刺吸式害虫，能有效防治对烟碱类、菊酯类、有机磷类和氨基甲酸酯类农药产生抗性的刺吸式害虫。防治苹果黄蚜可用22%氟啶虫胺腈悬浮剂兑水10 000～15 000倍液进行喷施。

11. 氟啶虫酰胺

（1）作用特点

氟啶虫酰胺通过阻碍害虫吮吸作用而起效，害虫摄入药剂后很快停止吮吸，最后饥饿而死。对各种刺吸式口器害虫有效，并具有良好的渗透作用。对作物、人、畜、环境安全性好。

（2）防治对象与使用方法

主要用于防治蚜虫等刺吸式口器害虫。防治苹果树蚜虫可用10%氟啶虫酰胺水分散粒剂兑水2 500～5 000倍液进行喷施。

12. 氯虫苯甲酰胺

（1）作用特点

氯虫苯甲酰胺是第一个具有新型邻酰胺基苯甲酰胺类化学结构的广谱杀虫剂，该杀虫剂的最大特点是其独特的化学结构、新颖的作用方式、高效广谱的生物性能和环境生态安全性；具有迅速阻止害虫进食、高效滞留活性和优良的耐雨水冲刷性能，保证了良好的速效性与持效性。

（2）防治对象与使用方法

氯虫苯甲酰胺高效广谱，对鳞翅目的夜蛾、螟蛾、蛀果蛾、卷叶蛾、菜蛾、麦蛾、细蛾等均有很好的控制效果，还能防治鞘翅目象甲、叶甲、双翅目潜叶蝇、烟粉虱等害虫。防治苹果树金纹细蛾可用35%氯虫苯甲酰胺水分散粒剂兑水17 500～25 000倍液，防治苹果树桃小食心虫可用35%氯虫苯甲酰胺水分散粒剂兑水7 000～10 000倍液喷雾防治。

13. 阿维菌素

（1）作用特点

阿维菌素对害虫具有触杀和胃毒作用，并有微弱熏蒸作用，无内吸作用，但对叶片具很强的渗透作用，可杀死表皮下的害虫。主要适用于防治果树上的双翅目、鳞翅目、半翅目和螨类。对害虫持效期8～10天，对害螨则更长，但无杀卵作用，杀虫效果受降雨影响较小。阿维菌素对稻田蜘蛛、黑肩绿盲蝽等捕食性天敌有直接触杀作用；对鱼类有毒，对蜜蜂高毒，对鸟类低毒。

（2）防治对象与使用方法

对害螨、潜叶蛾、其他刺吸式害虫或钻蛀性害虫防效较好，如苹果叶螨、桃小食心虫、金纹细蛾、梨木虱等。可用1.8%阿维菌素乳油兑水2 000～3 000倍液进行喷施。

14. 甲氨基阿维菌素苯甲酸盐（甲维盐）

（1）作用特点

甲维盐是从发酵产品阿维菌素 B_1 开始合成的一种新型高效抗生素类杀虫、杀螨剂。甲维盐与母体阿维菌素相比，其活性提高10～1 000倍。杀虫谱主要区别在于增加了对鳞翅目昆虫（如小菜蛾、棉铃虫、甜菜夜蛾、黏虫、菜青虫等）的杀虫活性，对螨类杀虫活性两者相当；而对半翅目杀虫活性（特别是在蚜虫上）明显要低于阿维菌素。甲维盐对草间钻头蛛、八斑球蛛、拟水狼蛛等捕食性天敌有一定杀伤力，对水生生物敏感，对蜜蜂高毒，使用时应避开蜜蜂采蜜期。

（2）防治对象与使用方法

对果树上的多种鳞翅目、半翅目及螨类具有杀虫活性，如桃小食心虫、苹小卷叶蛾、苹果全爪螨等。可用1%甲氨基阿维菌素苯甲酸盐乳油兑水1 500～3 000倍液进行喷施。

15. 灭幼脲

（1）作用特点

灭幼脲以胃毒作用为主，触杀作用次之，无内吸性。害虫取食或接触药剂后，抑制表皮几丁质的合成，使幼虫不能正常蜕皮而死亡。对鳞翅目和双翅目幼虫有特效。不杀成虫，但能使成虫不育，卵不能正常孵化。药效作用缓慢，2～3天后才能显示杀虫作用，残效期长达15～20天。耐雨水冲刷，在田间降解速度慢。

（2）防治对象与使用方法

用于防治潜叶蛾、尺蠖、夜蛾、毒蛾等害虫。防治苹果树金纹细蛾可用25%灭幼脲悬浮剂兑水1 500～2 000倍液进行喷施。

16. 除虫脲

（1）作用特点

除虫脲具胃毒及触杀作用，无内吸性。害虫接触药剂后，抑制昆虫几丁质合成，使幼虫在蜕皮时不能形成新表皮，虫体畸形而死亡。杀死害虫速度较慢。对鳞翅目害虫有特效，对部分鞘翅目和双翅目害虫也有效，在有效用量下对植物无药害，对有益生物如鸟、鱼、虾、青蛙、蜜蜂、瓢虫、步甲、蜘蛛、草蛉、赤眼蜂、蚂蚁、寄生蜂等天敌无明显不良影响；对人、畜安全。

（2）防治对象与使用方法

用于防治食心虫、金纹细蛾、潜叶蛾、尺蠖、美国白蛾等鳞翅目害虫。防治苹果树金纹细蛾可用25%除虫脲可湿性粉剂兑水1 000～2 000倍液进行喷施。

17. 甲氧虫酰肼

（1）作用特点

甲氧虫酰肼能够模拟鳞翅目幼虫蜕皮激素功能，促进其提前蜕皮、成熟，发育不完全，几天后死亡。中毒幼虫几小时后即停止取食，处于昏迷状态。

（2）防治对象与使用方法

甲氧虫酰肼对鳞翅目以外的昆虫几乎无效。防治苹果小卷叶蛾可用240克/升甲氧虫酰肼悬浮剂兑水3 000～5 000倍液进行喷施。

二、杀螨剂

1. 乙螨唑

（1）作用特点

乙螨唑能抑制螨卵的胚胎形成以及从幼螨到成螨的蜕皮过程，对卵及幼螨有效，对成螨无效，但是对雌性成螨具有良好的不育作用，因此，其最佳的防治时间是害螨危害初期。耐雨水冲刷，持效期长。

（2）防治对象与使用方法

主要防治作物始叶螨、全爪螨、二斑叶螨、朱砂叶螨等螨类。可用110克/升乙螨唑悬浮剂兑水5 000～7 500倍液进行喷施。

2. 丁氟螨酯

（1）作用特点

丁氟螨酯可阻止红蜘蛛卵的孵化，同时对活动态螨有较高的活性，尤其对幼螨的活性更高，同时对各种植物安全，无药害，对哺乳动物及水生生物、有益生物、天敌等非靶标生物均十分安全。

（2）防治对象与使用方法

主要用于防治红蜘蛛，对斜纹夜蛾、桃蚜等害虫也有防治作用。可用20%丁氟螨酯悬浮剂兑水1 500～2 500倍液进行喷施。

3. 螺螨酯

（1）作用特点

螺螨酯不能较快地杀死雌成螨，但对雌成螨有很好的绝育作用。雌成螨触药后所产的卵有90%以上不能孵化，死于胚胎后期，同时对幼若螨也有良好的触杀作用。它与现有杀螨剂之间无交互抗性，适用于防治对现有杀螨剂产生抗性的有害螨类。持效期长，生产上能控制柑橘全爪螨和苹果全爪螨危害达40～50天。施到作物叶片上后耐雨水冲刷，喷药2小时后遇中雨不影响药效的正常发挥。在不同气温条件下对作物非常安全，对人畜安全、低毒。适合于无公害生产。

（2）防治对象与使用方法

对红蜘蛛、黄蜘蛛、锈壁虱、茶黄螨、朱砂叶螨和二斑叶螨等均有良好防效，可用于苹果树的害螨治理。此外，螺螨酯对梨木虱、叶蝉类等害虫有很好的兼治效果。可用240克/升螺螨酯悬浮剂兑水4 000～6 000倍液进行喷施。

4. 联苯肼酯

（1）作用特点

联苯肼酯对螨类的各个生活阶段有效，具有杀卵活性和对成螨的击倒活性快等特点，持效期较长。

（2）防治对象与使用方法

主要用于防治果树害螨。防治苹果树的苹果全爪螨、二斑叶螨可用43%联苯肼酯悬浮剂兑水2 000～3 000倍液进行喷施。

5. 三唑锡

（1）作用特点

强触杀性杀螨剂，对植食性害螨的夏卵、幼若螨与成螨均具有显著防效，对冬卵无效。抗光解，耐雨水冲刷，温度越高杀螨效果越强。残效期长，对作物安全。

（2）防治对象与使用方法

用于防治果树上的苹果全爪螨、山楂叶螨、柑橘全爪螨、葡萄叶螨及蔬菜上的害螨等。使用时应仔细喷透树冠内外及叶片正背面。可用20%三唑锡悬浮剂兑水1 000～2 000倍液进行喷施。

6. 唑螨酯

（1）作用特点

唑螨酯对多种害螨有强烈触杀作用，无内吸性，对害螨各生育期均有良好的防治效果，具有击倒和抑制蜕皮作用。高剂量可直接杀死螨类，低剂量可抑制螨类蜕皮或产卵。

（2）防治对象与使用方法

用于防治果树上的苹果全爪螨、山楂叶螨等多种害螨。可用5%唑螨酯悬浮剂兑水2 000～3 000倍液进行喷施。

7. 炔螨特

（1）作用特点

炔螨特具有触杀和胃毒作用，无内吸和渗透传导作用。杀螨谱广，且对害螨各个生育期防效均较好。在20℃以上时可提高药效，但在20℃以下随低温递降。

（2）防治对象与使用方法

可用于防治苹果、柑橘、棉花、蔬菜、茶、花卉等作物上各种害螨。可用57%炔螨特乳油兑水1 500～2 000倍液进行喷施。

8. 哒螨灵

（1）作用特点

哒螨灵触杀性强，无内吸传导和熏蒸作用。该药不受温度变化影响，无论早春或秋季使用，均可使用。

（2）防治对象与使用方法

可用于防治果树、蔬菜、茶树等植物上的螨类、粉虱、蚜虫、叶蝉和蓟马，对叶螨、全爪螨、跗线螨、锈螨和瘿螨的各个生育期均有效。可用20%哒螨灵可湿性粉剂兑水2 000～4 000倍液进行喷施。

三、杀菌剂

1. 辛菌胺醋酸盐

（1）作用特点

辛菌胺具有高效广谱、低毒等特点。对于农作物及植物真菌、细菌和病毒有高效的防治作用。使用安全，无副作用，无残留，可使农作物增产增收。

（2）防治对象与使用方法

辛菌胺作为一种高效环保型杀菌剂，应用广泛，对半知、担子、鞭毛、子囊四个亚门类真菌、细菌、病毒具有极好的预防、治疗、铲除效果，长期使用不会产生抗性。对苹果病害具有显著的杀菌效果，还可用于防治多种农作物病毒类病害。防治苹果树腐烂病，可用1.9%辛菌胺醋酸盐水剂兑水50～100倍液涂抹病疤。

2. 甲基硫菌灵

（1）作用特点

甲基硫菌灵在动、植物体内以及土壤中均能转化成多菌灵，当甲基硫菌灵施于作物表面时，一部分在体外转化成多菌灵起保护作用，一部分进入作物体内，在体内转化成多菌灵起内吸治疗剂作用。因此，甲基硫菌灵在病害防治上兼具保护和治疗作用，持效期7～10天。

（2）防治对象与使用方法

甲基硫菌灵可防治苹果轮纹烂果病、炭疽病、褐斑病、黑星病、白粉病，可用70%甲基硫菌灵可湿性粉剂兑水800～1 000倍液进行喷雾。防治苹果树腐烂病，可在刮治后用3%糊剂涂抹病斑。

3. 多菌灵

（1）作用特点

多菌灵是一种高效低毒内吸性杀菌剂，具有保护和治疗作用。对许多子囊菌和半知菌都有效，而对卵菌和细菌病害无效，几乎可用于各类植物上防治病害。

（2）防治对象与使用方法

防治苹果、梨轮纹烂果病，苹果炭疽病、褐斑病，梨褐斑病等，喷施80%多菌灵可湿性粉剂800～1 200倍液，以后视降雨情况隔10～15天喷1次，无雨不喷。

4. 噻菌灵

(1) 作用特点

噻菌灵有内吸传导活性，根施时能向顶传导，但不能向基部传导。杀菌谱广，具有保护和治疗作用，与多菌灵、苯菌灵等苯并咪唑类的品种之间有正交互抗性。

(2) 防治对象与使用方法

噻菌灵主要用于果品和蔬菜等产后防腐保鲜，采用喷雾或浸蘸方式施药，还可喷雾防治果树生长期病害。防治苹果树轮纹病，可用40%噻菌灵可湿性粉剂兑水1 000~1 500倍液进行喷施。

5. 戊唑醇

(1) 作用特点

戊唑醇杀菌性能与三唑酮相似，由于内吸性强，可用于种子处理，杀灭附着在种子表面的病菌，也可在作物体内向顶传导杀灭病菌。叶面喷雾，可杀灭茎叶表面的病菌，也可在作物体内向上传导杀灭病菌。其生物活性比三唑酮、三唑醇高，表现为用药量低。

(2) 防治对象与使用方法

可防治白粉菌属、柄锈菌属、喙孢属、核腔菌属和壳针孢属病菌引起的病害。防治苹果斑点落叶病，于发病初期开始喷43%悬浮剂5 000~7 000倍液，隔10天喷1次，春梢期共喷3次，秋梢期喷2次。

6. 烯唑醇

(1) 作用特点

烯唑醇属三唑类杀菌剂，其杀菌特性与三唑酮相似，具有保护、治疗、铲除作用；具有内吸性，可被作物根、茎、叶吸收，并能在植物体内向顶输导。

(2) 防治对象与使用方法

烯唑醇抑菌谱广，能有效防治斑点落叶病、白粉病、锈病，对梨黑星病高效。可用12.5%烯唑醇可湿性粉剂兑水1 000~2 500倍液进行喷施。

7. 己唑醇

(1) 作用特点

己唑醇的生物活性与杀菌机理与三唑酮、三唑醇基本相同，渗透性和内吸输导能力很强，有很好的保护作用和治疗作用。对子囊菌、担子菌、半知菌的许多病原菌有强抑制作用，但对卵菌纲真菌和细菌无活性。

(2) 防治对象与使用方法

防治苹果斑点落叶病、白粉病和梨黑星病，可用5%己唑醇悬浮剂兑水1 000~1 500倍液进行喷施。

8. 丁香菌酯

（1）作用特点

丁香菌酯通过抑制细胞色素 b 和 c_1 之间的电子传递而阻止 ATP 的合成，抑制其线粒体呼吸从而发挥抑菌作用。对由鞭毛菌、接合菌、子囊菌、担子菌及半知菌引起的植物病害具有良好的防效。

（2）防治对象与使用方法

对苹果树腐烂病、苹果轮纹病等多种病原菌有一定抑制作用。防治苹果树腐烂病可用20%丁香菌酯悬浮剂兑水130～200倍液涂抹。

9. 代森锰锌

（1）作用特点

代森锰锌是广谱性的保护性杀菌剂，其杀菌原理主要是抑制菌体丙酮酸的氧化，常与多种内吸性杀菌剂、保护性杀菌剂复配混用，延缓抗药性的产生。

（2）防治对象与使用方法

防治苹果斑点落叶病，可于谢花后20～30天开始喷药，春梢期喷2～3次，秋梢期喷2次，间隔10～15天，还可兼治果实轮纹病、疫腐病。可用80%代森锰锌可湿性粉剂兑水600～800倍液进行喷施。

10. 丙森锌

（1）作用特点

丙森锌属广谱性杀菌剂，其杀菌原理与代森锰锌相同，作用于真菌细胞壁和蛋白质的合成，能抑制孢子的侵染和萌发，同时能抑制菌丝体的生长，导致其变形、死亡，且该药含有易被作物吸收的锌元素，有利于促进作物生长和提高果实品质。

（2）防治对象与使用方法

防治苹果斑点落叶病，在春梢或秋梢开始发病时，用70%丙森锌可湿性粉剂兑水600～700倍液进行喷施，每隔7～8天喷1次，连续喷3～4次。

11. 氟硅唑

（1）作用特点

氟硅唑为内吸性杀菌剂，具有保护和治疗作用，渗透性强。主要作用机理是破坏和阻止病菌的细胞膜重要组成成分麦角甾醇的生物合成，导致细胞膜不能形成，使病菌死亡。

（2）防治对象与使用方法

氟硅唑可防治子囊菌、担子菌及部分半知菌引起的病害。防治苹果轮纹病效果显著，可用20%氟硅唑可湿性粉剂兑水2 000～3 000倍液进行喷施。

12. 苯醚甲环唑

（1）作用特点

苯醚甲环唑属三唑类内吸广谱杀菌剂，具有持久的保护和治疗作用。对作物安全，用于种子包衣，对种苗无不良影响，出苗快、出苗齐，与三唑酮等药剂不同。种子处理和叶面喷雾均可提高作物的产量和品质。

（2）防治对象与使用方法

苯醚甲环唑杀菌谱广，可用作种子包衣、喷雾等方式，防治多种植物病害。防治苹果斑点落叶病，可在发病初期使用10%苯醚甲环唑水分散粒剂1 500～3 000倍液进行喷雾，重病果园用1 500～2 000倍液，每隔7～14天连喷2～3次。

13. 腈菌唑

（1）作用特点

腈菌唑为内吸性三唑类杀菌剂，杀菌特性与三唑酮相似，对病害具有保护和治疗作用，可以喷施，也可以处理种子。药剂持效期长，对作物安全，有一定刺激生长作用。

（2）防治对象与使用方法

防治苹果白粉病，可用40%腈菌唑可湿性粉剂兑水6 000～8 000倍液进行喷施。

14. 嘧菌酯

（1）作用特点

嘧菌酯具有保护和治疗作用，良好的渗透和内吸作用，可以茎叶喷雾、水面施药、种子处理等方式使用。

（2）防治对象与使用方法

嘧菌酯杀菌谱广，对几乎所有真菌（子囊菌、担子菌、卵菌和半知菌类）病害都显示出很好的活性，适用于果树多种病害。嘧菌酯对作物安全，但某些苹果品种对嘧菌酯敏感，使用时应多加注意。

15. 醚菌酯

（1）作用特点

醚菌酯与嘧菌酯基本相似，为线粒体呼吸抑制剂，即通过在细胞色素b和c_1间电子转移，抑制线粒体的呼吸，具有很好的抑制孢子萌发作用，具有保护、治疗、铲除作用，渗透、内吸活性强。

（2）防治对象与使用方法

防治苹果树斑点落叶病，可用50%醚菌酯水分散粒剂兑水3 000～4 000倍液进行喷施；防治苹果树黑星病，可用50%醚菌酯水分散粒剂兑水5 000～7 000

倍液进行喷施。

16. 肟菌酯

（1）作用特点

肟菌酯具有广谱、渗透和快速分布等性能，作物吸收快，加之具有向上的内吸性，耐雨水冲刷、持效长。

（2）防治对象与使用方法

肟菌酯具有广谱的杀菌效果，对几乎所有真菌病害如白粉病、锈病、霜霉病等都有明显的抑制作用。防治苹果褐斑病可用50%肟菌酯水分散粒剂兑水7 000～8 000倍液进行喷施。

17. 吡唑嘧菌酯

（1）作用特点

吡唑醚菌酯为病原菌线粒体呼吸抑制剂，可阻止细胞色素 b 和 c_1 电子传递，具有保护、治疗和内渗作用。

（2）防治对象与使用方法

吡唑醚菌酯对果树、蔬菜及其他作物的多数病害有效。防治苹果斑点落叶病可用20%吡唑醚菌酯可湿性粉剂兑水1 000～2 000倍液进行喷施；防治苹果树腐烂病可用250克/升吡唑醚菌酯乳油兑水1 000～1 500倍液进行喷淋。

18. 异菌脲

（1）作用特点

异菌脲是保护性杀菌剂，也有一定治疗作用。对病原菌生活史的各发育阶段均有影响，可抑制孢子的产生和萌发，也抑制菌丝的生长，还有研究结果表明能抑制蛋白激酶。

（2）防治对象与使用方法

异菌脲杀菌谱广，对葡萄孢属、链孢霉属、核盘菌属、小菌核属等引起的病害有较好防治效果，对链格孢属、蠕孢霉属、丝校菌属、镰刀菌属、伏草菌属等引起的病害也有一定防治效果。防治苹果斑点落叶病、轮纹病、褐斑病，可用50%异菌脲可湿性粉剂兑水1 000～1 500倍液进行喷施。

19. 咪鲜胺

（1）作用特点

咪鲜胺是广谱性杀菌剂，主要是通过抑制甾醇的生物合成，使病菌细胞壁受到干扰。咪鲜胺不具内吸作用，但具有一定的传导作用。

（2）防治对象与使用方法

咪鲜胺主要用于水果防腐保鲜及种子处理，对苹果炭疽病效果较好。使用25%咪鲜胺1 000倍液浸采收后的苹果1～2分钟，可防治褐腐病、青霉病，延长果品保鲜期。

20. 多抗霉素

（1）作用特点

多抗霉素为广谱性抗生素类，具有较好的内吸传导作用，其作用机制是干扰病菌细胞壁几丁质的生物合成，芽管和菌丝体接触药剂后，局部膨大、破裂，不能正常发育导致死亡，还有抑制病菌产孢和病斑扩大作用。

（2）防治对象与使用方法

防治苹果斑点落叶病可用10%多抗霉素可湿性粉剂兑水1 000～1 500倍液进行喷施。

21. 碱式硫酸铜

（1）作用特点

碱式硫酸铜杀菌原理与波尔多液基本相同，靠不断释放的铜离子杀灭病菌，保护植物免受病菌侵染为害。使用后对果实无药斑污染。

（2）防治对象与使用方法

碱式硫酸铜杀菌谱广，适用于波尔多液防治的各种病害。可用30%碱式硫酸铜悬浮剂兑水750～1 000倍液喷施防治苹果轮纹烂果病、炭疽病、褐斑病等叶部或果实病害。

22. 中生菌素

（1）作用特点

中生菌素为N-糖苷类抗生素，能够抗革兰氏阳性、阴性细菌，分枝杆菌，酵母菌及丝状真菌。

（2）防治对象与使用方法

防治苹果树轮纹病，可用3%中生菌素可湿性粉剂兑水800～1 000倍液进行喷施。

23. 石硫合剂

（1）作用特点

石硫合剂为无机硫杀菌剂，兼有杀螨和一定的杀虫作用。其喷施于作物表面后，受空气中的氧气、二氧化碳、水等影响，发生一系列化学变化，形成极细微的硫黄颗粒沉淀于植物体表面，并释放出少量硫化氢，产生杀菌、杀螨作用，此外，药液的碱性能侵蚀虫体表面的蜡质层，因而对具有较厚蜡质层的甲虫和螨卵有较好的防治效果。

（2）防治对象与使用方法

石硫合剂可防治苹果树腐烂病、干腐病、枝枯病、枝溃疡病、炭疽病、轮纹病等，可用3～5波美度药液进行喷施，可兼杀苹果全爪螨越冬卵与介壳虫。

24. 波尔多液

（1）作用特点

波尔多液的主要杀菌成分是碱式硫酸铜，其悬浮在水中的碱式硫酸铜颗粒极其细微，黏着力强，喷施于作物表面，可形成较为牢固的覆盖膜，具防病保护作用。

（2）防治对象与使用方法

波尔多液可用于防治多种真菌和细菌病害。防治苹果树轮纹病可用80%波尔多液可湿性粉剂兑水300～500倍液进行喷施。

（撰稿人：仇贵生）

山楂叶螨雌成螨 （仇贵生 提供）

果园行间自然生草 （吕德国 提供）

旱区坑施肥水膜技术 （李翠英 提供）

树盘葱树混栽防控连作障碍 （毛志泉　提供）

桃小食心虫 （仇贵生　提供）

梨小食心虫 （仇贵生　提供）

白粉病症状 （王树桐　提供）

矮砧密植+起垄覆盖+人工生草建园模式 （高华　提供）

绣线菊蚜（黄蚜）（仇贵生　提供）

缺硼引起的缩果病症状（李壮　提供）

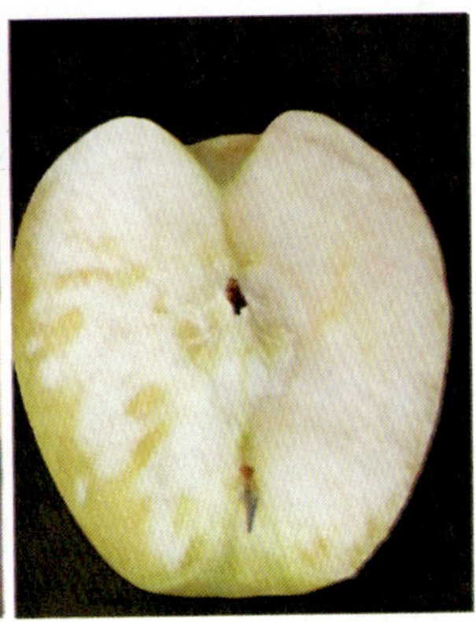

缺钙引起的苦痘病和水心病症状（李壮　提供）

苹果褐斑病症状（梁晓飞　提供）

高光效开心树形
（牛自勉　提供）

腐烂病4月份症状
（王树桐　提供）

锈病叶片和果实症状
（王树桐　提供）